Dinámica Industrial
de la producción a la distribución

Dr. Ing. José Antonio Valles Romero

Junio 2015

Revisión:
Dr. Sergio A. Ruiz Olmedo
Profesor de la Universidad Anáhuac
México

Título original de la obra:
Dinámica Industrial de la Producción a la Distribución
Valles, Romero José Antonio

Diseño de la portada:
Susana Salas Herrera

Publicado por: McGraw-Hill open-publishing, 30 de junio 2015
3131 RDU Centre Drive Suite 210 Morrisville, NC 27560 UNITED STATES

Publisher: John E. Biernat
Senior Editor: John Weimeister
Development Editor: Elm Street

ISBN: 978-1-329-15502-2

ISBN 978-1-329-15502-2

9 781329 155022

Printed in United States
Impreso por: Top Printer Plus, Junio 2015

PROLOGO

Las primeras aplicaciones de dinámica industrial, se han referido a problemas de administración, en particular al planeamiento y control de producción, distribución y ventas; permitiendo apreciar con mayor claridad los detalles de la cadena de suministro y distribución en la industria, los pasos a seguir en su utilización y la introducción de cambios en el proceso de decisorios que afectan el comportamiento dinámico del sistema. Este aspecto reviste particular importancia, tal como se ha verificado en innumerables aplicaciones del método.

Sin embargo, la evaluación de decisiones alternativas puede llevarse a cabo una vez que el modelo ha sido simulado y representado en forma adecuada a la realidad a la cual pretende servir. El lector puede finalizar la lectura de dinámica industrial con la idea de que la validez de un modelo de simulación depende del convencimiento que sobre su utilidad posea el autor; lo cierto es que el comportamiento dinámico del modelo simulado debe ser cotejado con la experiencia sobre el problema, considerando pautas o criterios cuantitativos de aceptabilidad que deben tomarse en cuenta. Todavía debe progresarse en tal sentido, especialmente si se considera que gran parte de los elementos que integran un sistema simulado presenta en la realidad un comportamiento dinámico incierto.

Es imprescindible recordar; que los modelos de simulación deben alcanzar simplicidad relevante al caso sujeto de estudio, hecho que permite explicitar en forma significativa el comportamiento dinámico que le corresponde.

En esta obra la simulación de la dinámica industrial se desarrolló con el software, no es propósito el estudio y manejo del software, sino mostrarlo como ejemplo de herramientas que pueden ayudar y simplificar el trabajo.

Promodel®, diseñado como una referencia para guiarlo a través de la simulación y la visualización de resultados de la simulación. El software incluye menús detallados sobre el uso, características y capacidades del software.

TransCad®, desarrollado por la empresa Caliper Corporation, orientado entre otras opciones, a la simulación, integra sistemas de información geográfica en el modelado y en aplicaciones logísticas.

ExpertChoice®, es un software para el análisis de decisiones multipropósito. Las decisiones se dividen en una jerarquía de sub-problemas, que pueden ser analizados comparándolos entre sí, las comparaciones se pueden basar en datos concretos o juicios personales, puede simularse cualquier tema relacionado con la simulación. Las evaluaciones se convierten después en valores numéricos con ponderaciones que explican el proceso de evaluación numérica en la investigación. La conversión a ponderaciones numéricas permite diversos elementos que deben compararse de una manera coherente y racional, basada en el método analítico jerárquico propuesto por el Dr. Saaty en el 2008.

Dinámica industrial, de la producción a la distribución, se presenta en forma sencilla y eficiente ya que solo el modelado y la experimentación, proveerá de alternativas para una mejor elección a los ingenieros que se preparan para un mundo globalizado.

Dr. José Alejandro Leo Vargas

PREFACIO

Este trabajo está destinado al estudiante de ingeniería industrial y a otras las áreas pertinentes, trata del sistema central básico en la industria, que es la simulación de la cadena de suministro y tiene como objetivo el modelado de la dinámica en la industria desde la producción a la distribución.

La dinámica industrial es una metodología de análisis de sistemas industriales, tiene como propósito simular los efectos de las variables con criterios multipropósito y la influencia en el desarrollo y la estabilidad del sistema.

La dinámica industrial consiste en el modelado de procesos industriales, con el objeto de determinar como la información y las políticas industriales afectan la cadena de suministro, para seleccionar la más eficiente. La metodología consiste en: identificar los problemas y el objetivo del sistema de producción-distribución; el segundo, formular un modelo que muestre las interrelaciones de factores significativos, por último, simular el modelo bajo circunstancias diversas, para definir políticas más convenientes en el sistema y el mercado para dirigirlas al cliente, buscando reducción de tiempos, de costos y calidad además de simular "que pasa si".

La dinámica industrial se ha vuelto factible, como resultado de cuatro factores desarrollados en los últimos 20 años. El uso de sistemas de información geográfica, como apoyo para la adquisición de datos móviles a tiempo real, la globalización que ha generado clientes y productos de clase mundial, la investigación que permite la generación de nuevo conocimiento y la innovación, como elementos clave para la industria, para hacer posible la aplicación de nuevo conocimiento, que signifiquen una mejora, una utilidad o un valor para la sociedad y la empresa; es decir, la dinámica industrial permite simular una idea innovadora además de evaluar el valor económico para la industria y el cliente, la dinámica industrial puede enseñarse a estudiantes de diversas carreras y semestres. El currículo gerencial puede comenzar en cualquier momento.

Esta obra está pensada como texto de clase orientado a competencias y también como guía para gerentes en ejercicio o para científicos, dedicados a la actividad industrial e innovación que desean explorar las consecuencias e interrelaciones dinámicas de la industria, de la producción a la distribución, transporte y logística inversa.

En la presente obra expongo mi punto de vista personal, acerca de la dinámica industrial como resultado de más de 40 años de experiencia en el ejercicio profesional, esta experiencia me permiten considerar los problemas de la dinámica industrial en diversos niveles operativos, gerenciales, ejecutivos y académicos, además de fundamentar la metodología sobe la cual se asienta esta obra el método analítico jerárquico y decisiones multicriterio.

Índice

Prologo
Prefacio
Competencias a desarrollar
Introducción

Capítulo 1

TABLA DE ILUSTRACIONES

Contenido de tablas

Competencias a desarrollar

El concepto de competencia se centra en los resultados del aprendizaje a lo largo de este trabajo, en lo que el lector es capaz de hacer al término de su proceso y en los procedimientos que le permitirán continuar aprendiendo en forma autónoma a lo largo de su vida.

Posee competencia profesional, quien dispone de los conocimientos, habilidades y actitudes necesarias para ejercer una profesión, puede resolver problemas de forma autónoma, flexible, y está capacitado para colaborar en su entorno profesional y en la organización del trabajo

Las 10 Competencias Genéricas propuestas en esta obra son:

Competencias tecnológicas

1. Identificar, formular y resolver problemas de ingeniería
2. Concebir, diseñar y desarrollar proyectos de ingeniería
3. Gestionar, planificar, ejecutar y controlar proyectos de ingeniería
4. Utilizar de manera efectiva las técnicas y herramientas de aplicación en la ingeniería
5. Contribuir a la generación de desarrollos tecnológicos y/o innovaciones tecnológicas

Competencias sociales, políticas y actitudinales

6. Desempeñarse de manera efectiva en equipos de trabajo
7. Comunicarse con efectividad
8. Actuar con ética, responsabilidad profesional y compromiso social, considerando el impacto económico, social y ambiental de su actividad en el contexto local y global
9. Aprender en forma continua y autónoma
10. Actuar con espíritu emprendedor

Introducción

Concepto de dinámica industrial, el objetivo de la dinámica industrial, es el análisis de las operaciones de un sistema comercial o industrial las bases fueron originalmente propuestas por J.W. Forrester.

La dinámica industrial en los sistemas de producción – distribución es: El análisis de los procesos y de la infraestructura diseñada para que las empresas puedan realizar operaciones logísticas, dinámica de acopio y programación de proveedores. Entre estas figuran las empresas industriales las tiendas departamentales y en el ámbito de mensajería y paquetería están empresas como FedEx, Estafeta, DHL, etcétera.

La funcionalidad de la dinámica industrial en un sistema de producción-distribución, es realizar operaciones de consolidación-desconsolidación de mercancías. Los sistemas de producción y distribución (SIPROyD) se encargan de la unitarización y consolidación-desconsolidación de varios productos procedentes de diferentes proveedores y distintos lugares geográficos. En este proceso hay intervenciones de diferentes áreas operativas encargadas de mejorar y solucionar las prácticas en las actividades de un SIPROyD.

Las empresas pueden tener grandes volúmenes de inventario que ayudan a garantizar la continuidad y las operaciones, pero el costo y las condiciones a considerar son varias en el sistema de producción – distribución, donde se llevan a cabo actividades definidas que integran la cadena logística, para dar cumplimiento a las necesidades del cliente.

Este trabajo explica los procesos logísticos del sistema producción - distribución, mediante la revisión de las diversas actividades que se llevan a cabo en cada una de sus áreas, empezando con operaciones de adquisición e incluyendo de manera genérica la parte administrativa. Otro aspecto importante es la intervención de las proyecciones de la demanda para el diseño de procesos logísticos. Al terminar el estudio del primer capítulo se tendrá los conocimientos respecto a la integración de cada una de las actividades logísticas, lo que resultará en la elaboración de un plan de operaciones integrado de forma sistemática a la dinámica de un SIPROyD.

Propósito

El propósito de este capítulo es conocer la metodología para diseñar los procesos logísticos que se llevan a cabo en los sistemas de producción – distribución, así como la organización de sus áreas operativas y administrativas para optimizar los tiempos, los costos, las actividades de almacenaje, transporte y distribución.

Objetivo específico

Diseñar a través de la aplicación de los procesos administrativos y operativos, la logística de un Centro de distribución para experimentar su funcionamiento.

Capitulo 1: Dinámica Industrial en un SIPROYD

1.1. Procesos industriales de un sistema producción - distribución

Las actividades o procesos operativos que se utilizan en los SIPROyD permiten reducir tiempo, dinero, permitiendo ser eficientes para ser más competitivos. Las funciones que se realizan son: **recibo, *picking* (recolección), embarques** y **tráfico** o **distribución**. Todas estas deben de estar en sincronía para que la empresa pueda llevar un control desde que la mercancía es recibida hasta ser embarcada al cliente final. Es importante tener un control estricto en cada uno de los procesos para poder dar un seguimiento y poder identificar alguna discrepancia y dar la solución en tiempo y forma y cumplir con las expectativas del cliente.

Las actividades tangibles y físicas que se realizan en las áreas de un Sistema producción - distribución se llaman trabajo operativo, estas determinan la funcionalidad de los departamentos involucrados dentro del SIPROyD. Es un factor estratégico y fundamental para poder llegar al cumplimiento de los objetivos trazados por una empresa. A continuación se te explicarán una a una las actividades de las áreas estratégicas.

1.1.1. Procesos del área de Recibo

El proceso del ingreso de insumos o producto terminado en un Sistema producción - distribución, implica el recibir al proveedor en el día y hora que fue solicitado, realizando esta actividad de manera eficaz y eficientemente, verificando que las cantidades solicitadas o compradas sean las mismas que el proveedor entregue físicamente, con la calidad que se especificó en la compra. Para mejorar los tiempos de recibo del proveedor, las empresas desarrollan diferentes estrategias; en muchos SIPROyD el proveedor debe de realizar con anticipación una cita realizar dicha entrega de manera telefónica, por correo o por sistema.

Ejemplo: el proveedor debe realizar una cita para la entrega de la mercancía, con menos de 24 horas de anticipación respetando la fecha que indica la orden de compra u órdenes de compra. Si es que va a realizar varias entregas; tiene que indicar el tipo de mercancía y la cantidad de unidades, bultos, pallets, (según la unidad de medida estipulada) a entregar, además debe informar el tipo de transporte que realizará la entrega. Con estos datos el personal de citas indicará al proveedor la fecha y hora exacta para la recepción, así como el número interno (documento de recepción) para su control; este control se otorga de acuerdo al cantidad de proveedores que puede recibir en un día.

Con la fecha programada el proveedor debe realizar la carga de la unidad con la mercancía comprometida respetando las características que requiere el cliente, esta debe ser cargada en la unidad con procedimientos seguros que permitan que la carga no se mueva o vaya a sufrir algún daño con los accesorios de sujeción cuando la unidad se encuentre en tránsito como:

✓ Cinturones.
✓ Barras sujeta cargas.
✓ Bolsas de papel.
✓ Eslingas planas.

- ✓ Esquinero para *pallets.*
- ✓ Redes.
- ✓ Emplayado.

El tipo de accesorio que se utiliza debe ser de acuerdo a las características de la mercancía para evitar algún tipo de daño. El proveedor el día de la cita para entregar el pedido debe presentarse de 15 a 30 minutos antes, para no perderla. Si por cuestiones ajenas no puede llegar a su hora o no entregara en ese día, deberá volver a solicitar una nueva cita para la reprogramación. Para esta situación se debe tener en cuenta la fecha máxima de entrega que indica la orden de compra con la finalidad de no perder la venta. El proveedor debe dar las indicaciones necesarias al chofer cuando la unidad esta carga para que realice satisfactoriamente la entrega de la mercancía en el SIPROyD.

Al momento en que la unidad llega al SIPROyD, el chofer debe de presentarse en el área destinada a los proveedores para la entrega indicando al personal de que empresa viene y el tipo de mercancía que entregara, el personal encargado verificara el número interno (documento de recepción) también cotejara en sistema con el departamento de abastecimientos el número de orden de compra, tipo de mercancía, numero de bultos o pallets, tipo de unidad y en su defecto si viene el personal completo para realizar la maniobra de descarga. También algo importante que se verifica es si se cumplió con el horario.

Revisado estos puntos, el personal verificará la disponibilidad que tiene de andenes considerando las variables que se mencionaron e informará el número de andén donde tiene que colocar la unidad para realizar la descarga. En algunas ocasiones, dependiendo del tamaño de la infraestructura, de la zona de maniobras (patio) le informarán al chofer si tiene que ingresar de frente o en reversa según sea el caso del tipo de andén y las dimensiones del patio de maniobras.

Ilustración 1 tráiler

Fuente: Archivo personal (2015).

Cuando es colocada la unidad por el operador se dirige al personal que está encargado de recibir la mercancía de acuerdo a la descripción que se encuentra el sistema. Con el objeto de agilizar el proceso de descarga, la mercancía debe venir perfectamente **identificada**, **emplayada** o **paletizada** según las especificaciones que el comprador informó en su momento. Si es el caso de que se entregaran varias órdenes de compra, deberán estar identificadas cada tarima, caja o pallet con el número de orden de compra que corresponda.

"La unidad de empaque en la cual se recibe el producto condiciona tanto el método de recibo físico como la infraestructura de equipos y plataformas de recibo (andenes) dispuestos para tal fin" (Mora, L. 2011).

El personal de recibo, identificará que tipo de mercancía es la que recibirá e indicará la forma en que el chofer o el personal encargado de la descarga debe de ejecutar esta actividad. También verificará el tipo de maquinaria o accesorios que requiere para realizar la maniobra de descarga. Los equipos más comunes (te recomendamos retomar lo aprendido en tu asignatura de Manejo de Materiales del sexto cuatrimestre) para realizar esta actividad son:

Ilustración 2Patín de carga y descarga

Ilustración 3 Montacargas frontal.

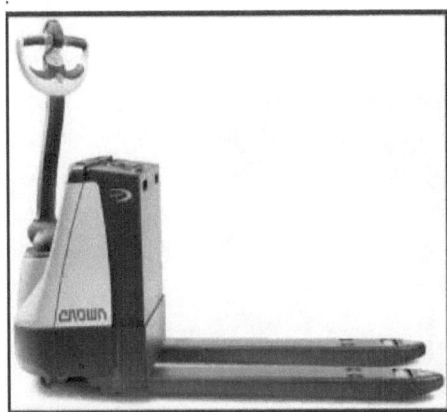

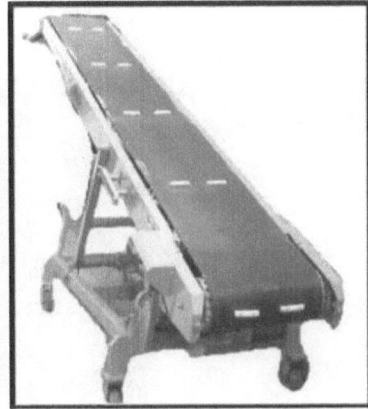

Ilustración 4 Patín eléctrico.   Ilustración 5 Bandas transportadoras.

Fuente: Montacargas y Sistemas de almacenaje S.R.L. de C.V. (2014).

El encargado de recibo indicará la manera de cómo se debe acomodar la mercancía en las tarimas o en donde se coloca el pallet, terminada esta actividad el personal del área de recibo verifica en sistema si la mercancía está completa y correcta.

En la siguiente imagen puedes observar las maniobras de descarga mediante banda o riel en mercancía cargada a granel.

Ilustración 6 riel en mercancía cargada a granel.

También se puede hacer maniobras de descarga utilizando montacargas.

Ilustración 7 montacargas

Cuando la mercancía ha sido descargada satisfactoriamente, el personal de recibo firma y sella la factura de conformidad con el proveedor, también le asigna un folio de entrega; la responsabilidad del producto queda a cargo del SIPROYD; el personal de recibo da de alta en el sistema mediante el SKU que tiene asignado (recuerda que este es el número de referencia y es un indicador que utilizan las empresas para identificar la mercancía durante todo el proceso de comercialización) además de tener un control sobre el inventario y realizar un acomodo eficiente en el SIPROYD, considerando que se debe tener una eficiente ubicación de acuerdo a las características de la mercancía y la rotación de su inventario, por otra parte el mismo sistema pude asignar un código de barras para considerar un mejor control, considerado lo anterior, el personal de recibo gira las instrucciones pertinentes para que los encargados del acomodo inicien la ubicación exacta en los estantes o racks que el sistema asignó a la mercancía que llegó por parte de los proveedores.

Las instrucciones pueden ser especificadas mediante formatos o mediante tecnología especializada como radio frecuencias.

Ilustración 8 Ejemplo de racks de 3 niveles según la ubicación

Fuente: Clasificados gratis (2014).

Ilustración 9 Ejemplo de racks de dos niveles para mercancía suelta.

Fuente: Clasificados gratis (2014).

En el área de recibo existe una actividad que se denomina Rechazo de mercancía, esto ocurre porque no cumple con alguna de las siguientes características:

1.   El proveedor se presenta en el SIPROYD sin cita previa.
2.   Se pretende entregar mercancía el día y hora después de su cita.
3.   El proveedor pretende entregar órdenes de compra fuera de la fecha de vigencia.
4.   Existe diferencia entre la mercancía ordenada y la que se entrega físicamente.
5.   Errores en la documentación o está incompleta.
6.   Mercancía en mal estado (caducada) o dañada.
7.   La mercancía no está etiquetada adecuadamente.
8.   En caso de que la mercancía requiera ser refrigerada, la temperatura está fuera de rango.

Estos son algunos de los principales motivos por los que el SIPROYD puede rechazar la mercancía, el proveedor puede volver a entregarla sólo si cumple con las fechas de las órdenes de compra que tiene o en su defecto, se cancela la orden y se pierde la venta.

Con estas actividades las operaciones de recibo se dan por terminadas e inicia el proceso de preparación de pedidos para la entrega al cliente final.

1.1.2. Procesos del área de *Picking* (recolección)

Cuando la mercancía se encuentra ubicada correctamente en los anaqueles, *racks* (estantes) el siguiente paso es la **preparación de pedidos**, este es el proceso para seleccionar y/o recoger mercancía de los lugares donde se encuentran almacenados y posteriormente se entregan al área de embarques para su consolidación o para su enrutamiento al cliente final.

Julio Mora (2011) describe al *Picking* (recolección) como un proceso básico en la preparación de pedidos en los almacenes, que afecta en gran medida a la productividad de toda la cadena logística ya que en muchos casos es el cuello de botella de la misma debido a la alta participación de la mano de obra, recurso que es el más propenso a los errores.

El principio del *Picking* (recolección) es incrementar la productividad del personal operativo y el adecuado aprovechamiento de las instalaciones *racks (*estanterías). Se puede minimizar los recorridos mejorando los procesos de zonificación, es decir, dentro del almacén debe estar perfectamente ubicada y localizada la mercancía, de acuerdo a las prioridades de cada área. Otra forma puede ser automatizar con maquinaria el transporte de los productos a través de las zonas de almacenamiento.

En algunas empresas el *Picking* (recolección) convencional está basado en que el operario va hacia la mercancía, con estos movimientos el tiempo que se emplea puede variar entre un 70% a un 90% del tiempo total, a esto también se lo conoce como *Picking* "in situ" que se basa en el principio de que el hombre se mueve hacia la mercancía. De acuerdo con Anaya (2007) las estaciones de *Picking* (recolección) se basan en el principio de que la mercancía se mueve hacia el hombre.

El *Picking* (recolección) se considera la forma más tradicional de surtir un pedido, la mercancía se recolecta desde el nivel del suelo o como máximo desde la estantería principal que se encuentra a una altura accesible para el operario. Esta manipulación se realiza mediante un listado de surtido, y con equipos especiales para el tipo de producto a surtir, en las siguientes ilustraciones se ejemplifica algunos de estos:

Ilustración 10 Ejemplo de carro para Picking (recolección) con contenedores adicionados.

Los tipos de estantería o de *rack* para realizar el *Picking* (recolección) varían de acuerdo al tipo de mercancía que se requiere surtir como son:

Ilustración 11 Estantería para Picking (recolección) dinámica.

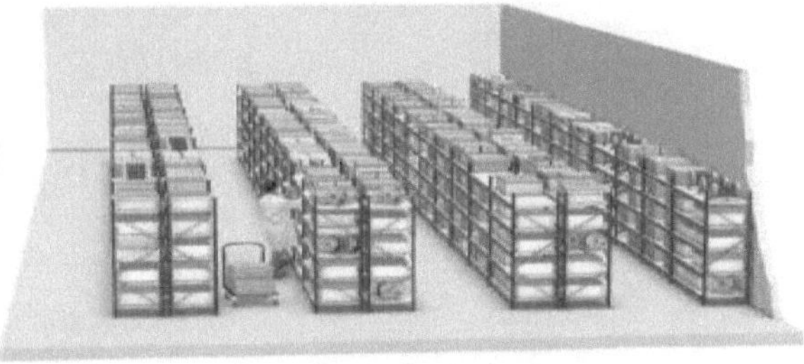

Ilustración 12 Ejemplo de racks para Picking (recolección).

Fuente: Meca-System S.L. (2014).

Fuente: Logismarket (2014).

En el siguiente esquema puedes observar el proceso de preparación del pedido, que es una serie de operaciones internas del SIPROYD:

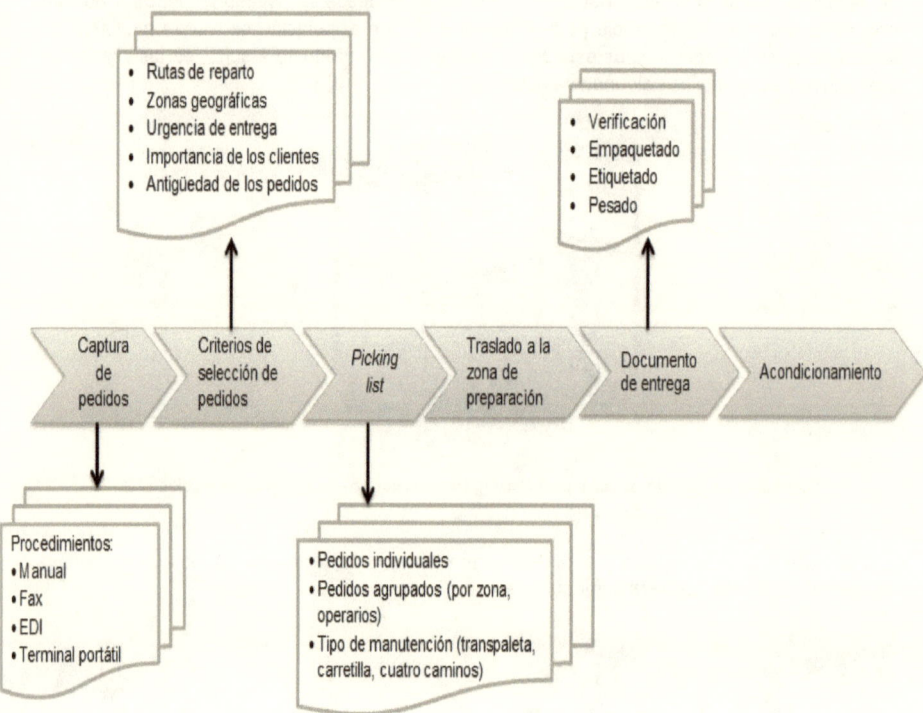

Ilustración 13 Flujo de materiales y sistema Picking (recolección).

Fuente: Noemí Caban (2014).

Existen diferentes tipos de *Picking* (recolección), depende de la ubicación de la mercancía en los stands en cada pasillo, a continuación se describen algunos tipos:

La preparación de pedidos con movimiento, un preparador por pedido. El operador es el encargado de recolectar en todas las posiciones la mercancía solicitada y la entrega a la zona de preparación para su consolidación.

Varios preparadores por pedido, por cada pedido hay varios operadores que realizan la recolección en los diferentes lugares donde se encuentra la mercancía seleccionada y una vez terminada la recolección se entrega a la zona de preparación para consolidación.

El *Batch Picking* o extracción por lotes, consiste en la extracción conjunta del material de todos los pedidos agrupados, se realiza una separación posterior de las cantidades de cada referencia que corresponden a cada pedido.

El *Pick to Box* o extracción directa a capítulos de empaque, se refiere a la extracción del material agrupado y se coloca directamente en las cajas de envío en el mismo punto de extracción del material, eliminando el proceso de separación posterior.

Preparación de pedidos, la separación o extracción del material de sus posiciones de almacenamiento, se realiza mediante las manos del operador (forma manual), este método se realiza no por falta de inversión sino por las características del producto.

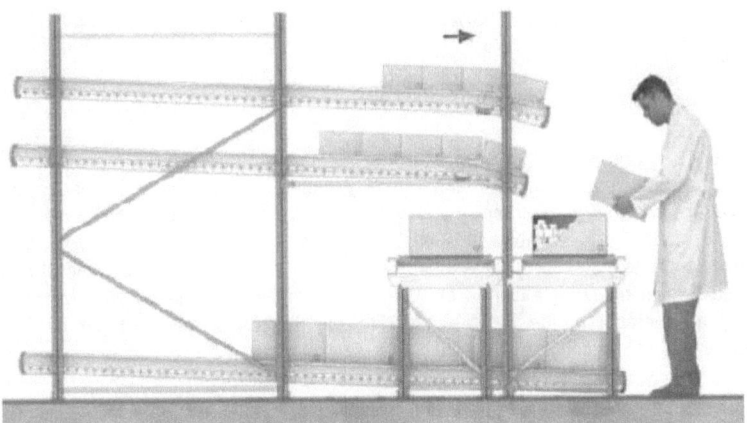

Ilustración 14 Ejemplo de surtido.

Fuente: Mora. L (2014).

Picking (recolección) con terminales de radio frecuencia

Es el método más usado por las empresas cuando se incorporan tecnologías de información en procesos de surtido en los SIPROYD; en estas aplicaciones se destacan los lectores de códigos de barras de cada producto, se disminuye la posibilidad de errores y la transmisión de información de los operarios al sistema, ya que es en tiempo real, así mismo se tiene un control exhaustivo de los movimientos de cada operador.

Ilustración 15 Ejemplo de Picking (recolección) por radio frecuencia.

Fuente: ICEI (2014).

Pick to Light o sistema de recolección de pedidos.

La característica de este sistema es que guía visualmente al operador hacia las ubicaciones exactas de almacenamiento de forma rápida y eficaz, emplea una combinación de _Digital Picking (recolección digital) y Display_ (exhibidor) (DPDs). En cada ubicación contiene el tipo de artículo o el SKU y está asociado a un DPD. El más utilizado tiene incorporado botón de confirmación, este indicador digital muestra la cantidad de mercancía a extraer, el proceso se inicia cuando el operador escanea el código de barras de la caja de embalaje, la pantalla indicará al operador dónde debe extraer los productos y la cantidad, se confirma cada extracción cuando se pulsa el botón del _display_ (exhibidor).

Ilustración 16 Ejemplo de Pick to Light.

Labastida (2010) lo define como

Un sistema para realizar el *Picking* (recolección) de un pedido, mediante el uso de un receptor, que le va comunicando al operario a través de unos auriculares, el producto y cantidad a elegir para realizar el pedido. Cada operario debe tener un equipo inalámbrico que cuenta con auriculares y micrófono integrado con los que responde al ordenador para confirmar que la orden que les ha sido transmitida se ha ejecutado correctamente, el propio ordenador confirma los pedidos y da de baja del almacén los productos retirados.

En el siguiente esquema se ejemplifica cómo funciona este tipo de equipo.

Estudio y análisis de los procesos de picking

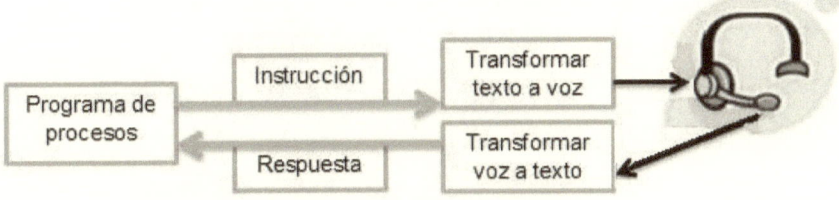

Ilustración 17 Estudio y análisis de los procesos de picking

Fuente: Labastida, J. (2014).

Fuente: Egomexico (2014).

Con este sistema el operador escucha la ubicación a la que debe dirigirse, en cuanto llega confirma el código de control asignado, después indica la cantidad que debe de recoger y confirma la cantidad repitiéndola. El sistema *Picking* (recolección) de voz en una elección económica para las operaciones donde hay un gran número de referencias, debido a que su inversión inicial es muy costosa.

Con este flujo se consigue que el operario tenga las manos y los ojos libres y pueda concentrarse en su totalidad en su trabajo, porque no necesita ni leer ni escribir durante el proceso; con este sistema se incrementa la productividad en un 35 % y disminuyen los errores de surtido en un 20%.

A continuación se ilustran los equipos eléctricos que se pueden utilizar para realizar el *Picking* (recolección). Como los describe Mora (2011), las principales características de estos equipos es que tienen propulsión propia y su fuente de energía es eléctrica y de uso exclusivo para interiores del almacén.

El equipo *Stock Picker,* está diseñado para alcanzar grandes alturas, puede extraer mercancía en las posiciones más altas de los *racks* (estantes).

Ilustración 19 Ejemplo de equipo Stock Picker.

Fuente: *Argentis Consulting* (2014).

El *Picking* horizontal tiene la capacidad para trasladar mercancía de una manera fácil y segura, dentro del almacén.

Ilustración 20 Ejemplo de Picking horizontal.

Fuente: Jungheinrich (2014).

En el siguiente esquema puedes observar las operaciones que se presentan en un SIPROYD:

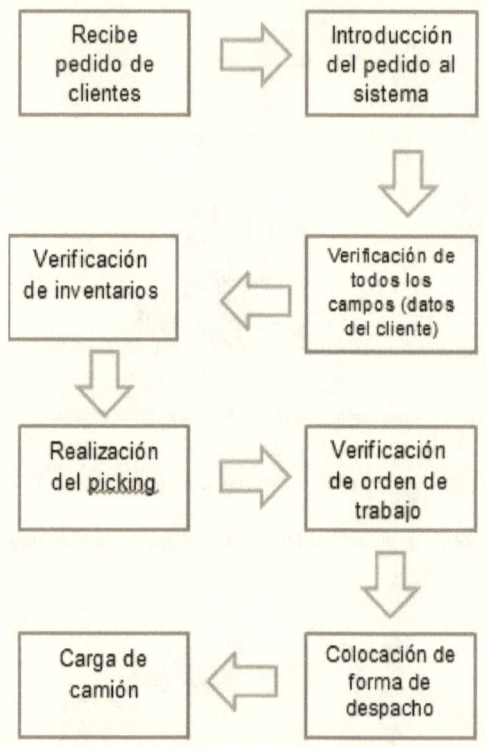

Ilustración 21 Diagrama de proceso de operaciones en un SIPROYD.

Fuente: Morena, B. *et al* (2014).

1.1.3. Procesos del área de Embarque

El área de embarque ese encarga de realizar las entregas de la mercancía a los clientes finales, en este proceso la mercancía que fue surtida mediante el *Picking* (recolección), tiene que tener un embalaje para que sea cargada en la unidad, respetando las características físicas del producto, con la finalidad de evitar que la mercancía sufra algún daño en tránsito.

Con el embalaje se puede realizar la unitarización de la mercancía para que su manipulación al ser cargada y descargada de la unidad sea de una manera rápida y segura, con equipo especial como montacargas y patín eléctrico y manual

Cabe mencionar que el embalaje debe de cumplir con los siguientes aspectos:

- Debe ser resistente.
- Debe proteger la mercancía.

Recuerda que unitarización es agrupar la mercancía de acuerdo al cliente, tipo de mercancía y que esta agrupación se le domina *pallet* y tiene que ser emplayado para su mejor control y manejo en la carga, descarga y en tránsito (Los procesos en los SIPROYD varían de acuerdo al tipo de producto pues las propiedades físicas y químicas así como su volumen determinarán los procesos, las herramientas, equipos, vehículos y protocolos para su manipulación).

En el **proceso de embarques** como ya se mencionó se requiere asegurar que la mercancía sea entregada al cliente en las condiciones que lo solicitó. Las principales **actividades que se realizan son:**

- Verificar con exactitud las cantidades de mercancía a cargar.
- Cumplir con los tiempos de entrega.
- Enviar los documentos completos.
- Contar con referencias para realizar la entrega.
- Verificar que el transporte a utilizar sea el adecuado.
- Revisar las condiciones de embalaje, para evitar posibles daños.
- Elaborar los documentos que van vinculados con el camión y la mercancía que será entregada al cliente, por ejemplo: facturas, control de ruta, etcétera.
- Verificar documentos de las unidades como: tarjeta de circulación, licencia del chofer, que el vehículo tenga las dos placas de circulación.

Al tener una supervisión de los aspectos anteriores se puede garantizar o evitar lo siguiente:

- Asegurar que la mercancía embarcada cumpla con las especificaciones de cantidad, calidad, entrega en tiempo y forma.
- Entregar la mercancía con la documentación solicitada por el cliente.
- Identificar a tiempo las inconformidades que puedan afectar el nivel de servicio que se ofrece al cliente.
- Evitar retrasos en ruta por no contar con los documentos, (retenes).

- Dar salida a la mercancía de forma fluida y controlada, manteniendo un registro de la organización de los procesos del almacén, evitando acumulaciones en las zonas de embarque y pasillos.

La información que se genera en este proceso también tiene que ser administrada en los sistemas informáticos que tiene el SIPROYD, esta captura de información puede ser manual o de manera automática, es sabido que la información ingresada al sistema manualmente puede generar errores porque las empresas dejan que esta actividad sea realizada por auxiliares de operación.

Con respecto al control de la información automática se realiza mediante las siguientes tecnologías de información y comunicaciones:

✓ Códigos de barras.
✓ Escáner para la lectura de códigos de barras.
✓ Terminales portátiles con transmisión en tiempo real.
✓ Sistemas RFID.
✓ ERP.

Con estas tecnologías los errores humanos son menores; la información es confiable y se reduce el tiempo de respuesta al cliente interno y externo.

1.1.4. Procesos del área de Transporte–Tráfico-Distribución

En está aérea se determina el número de unidades que se tienen que utilizar para realizar las distribución física de la mercancía, se considera la cantidad de pedidos que se tienen que entregar en determinados horarios, el volumen y el peso a transportar, con la finalidad de utilizar la unidad más apropiada.

El personal encargado del área de tráfico debe conocer el total de pedidos, junto con la dirección o lugar de entrega de la mercancía, esto se obtiene de los documentos que genero el área de embarques. Con la información se elaboran las rutas de distribución, de forma manual se realiza mediante algoritmos heurísticos, como el método de transporte, barrido de nodos, método Clarke y Wright, etc., tomando en cuenta la experiencia de las personas que realizan el diseño de rutas, para hacer eficientizar las unidades de reparto.

Algunas empresas prefieren contar con sistemas que les ayuden a elaborar las rutas de reparto, un ejemplo de estos sistemas es el *Sofware Bitmakers* y ROADNET, en estos sistemas se tiene que tener la ubicación geográfica, es decir, ubicar en un mapa la dirección de cada uno de los clientes, también se puede anotar horarios de entrega. Cuando se tiene que elaborar una ruta se determina que clientes programados para la entrega y el sistema determina el número de rutas y camiones que se requieren para la distribución. Puede ser consolidado o en ruta directa, también pueden ser rutas dinámicas o estáticas.

Existen sistemas de apoyo, como aquellos implementados con la ayuda del GPS (Sistema de posicionamiento global) mostrados abajo, estos sistemas ofrecen una gran variedad de servicios para la administración de la flotilla, como por ejemplo: tener la ubicación en tiempo real de las unidades, en caso de robo se puede localizar la unidad, estas cuentan con botones de pánico para dar aviso a las autoridades policiacas para su recuperación, entre otros.

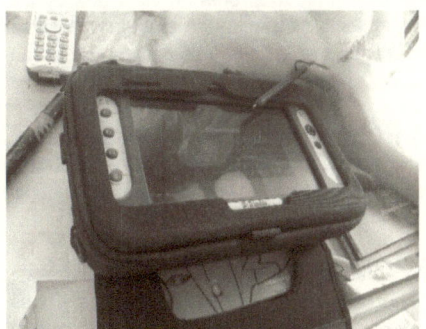 

Equipo para la captura de datos móviles (GPS)
Colección personal (215)

Considerando lo anterior, se puede verificar la disponibilidad de las unidades y determinar la forma en que la misma se tiene que cargar, se verifican las características de la mercancía, el tipo de embalaje y se determina los protocolos para el manejo de la mercancía.

También se verifica la disponibilidad de andenes para realizar la carga, se entrega la mercancía al chofer, este corrobora que la mercancía que se le está entregando, este completa, es decir, que físicamente coincida con la documentación y se dan las indicaciones pertinentes para trazar la ruta de manera exitosa.

El área de tráfico da seguimiento constante a cada ruta para verificar si no existe algún imprevisto o de lo contrario para dar apoyo al chofer. Esto puede realizarse mediante el sistema satelital, si la empresa cuenta con este medio, o por vía telefónica o radio; en algunos casos el chofer cuenta con una *Hand Held* para capturar la información de cada entrega en tiempo real, en otros casos al regreso de la ruta se verifica la cantidad de pedidos rechazados o devueltos, este sistema se utiliza principalmente en las empresas que venden tienda por tienda.

Cuando el vehículo regresa a las instalaciones del SIPROYD se realiza un inventario de la mercancía que se devolvió o de la documentación que entrega el chofer para su control con las áreas correspondientes para que presente la factura y folios de entrega al cliente para su pago.

Ejemplo: hay empresas que se dedican a la distribución de fragancias y cuentan con un SIPROYD, pero no tienen un sistema logístico de recibo, *Picking* (recolección), embarque y transporte; el diseño de este almacén no tiene sentido lógico, porque carece de una infraestructura en condiciones óptimas para su operación y por lo tanto las necesidades de la empresa se ven afectadas.

Al no tener un almacén, no se tienen andenes suficientes de carga y descarga, las operaciones de recibo y embarques se realizan conjuntamente ocasionando errores en cada una de las actividades, el proceso de conteo de la mercancía recibida se efectúa en el andén de carga que se encuentra ocupando y en ocasiones la operación de embarque se detiene y retrasan las rutas locales.

El proceso de almacenamiento se hacía de acuerdo al número de SKU pero en algunas ocasiones el área de almacén recibía más mercancía de la que podía almacenar, el producto sobrante se acomodaba en los espacios disponibles, esto ocasionaba que el material estorbara para el *Picking* (recolección) porque no estaba en su ubicación correcta.

El almacén no contaba con montacargas para colocar las tarimas en la parte alta de los racks, la forma de subir la mercancía era que alguien del personal se subiera a los estantes y otras les aventaran la mercancía y fueran estibando de acuerdo a la ubicación, de esta misma manera se bajaba el producto cuando se tenía que surtir, esto ocasionaba pérdida de tiempo en horas-hombre y retrasaba el surtido. El proceso de *Picking* (recolección) era manual y por medio de una lista de surtido ocasionando errores de códigos cambiados, mercancía no solicitada entre otras.

Cuando la mercancía estaba surtida, era entregada al área de embarque, este proceso se realizaba en la única entrada y salida de mercancía del almacén a embarques, se hacía de la siguiente manera:

✓ El personal de almacén entregaba por tarima o por ruta completa las facturas.
✓ Personal de embarques recibía y contaba la mercancía en presencia del personal del almacén.
✓ Si había diferencia se aclaraba en eso momento, si todo estaba correcto el encargado de embarques firmaba de recibido y sea hacia responsable del producto a partir de ese momento.

Toda la mercancía que se entregara se tenía que hacer el mismo procedimiento hasta el final de la operación, esto se hacía para evitar pérdidas.

El área de embarques teniendo toda la mercancía en el andén verificaba todos los clientes y elabora la ruta e indica a tráfico cuantas unidades necesita para las entregas. El área de tráfico buscaba las empresas hombre camión que contaba para realizar las entregas locales y foráneas.

Cuando las unidades estaban listas, se les asignaba uno de los dos andenes para la carga y se cargaba de acuerdo al código de SKU, la carga de la unidad era a granel, no se paletiza o unitarizada, esta forma de carga era muy lenta, también ocasionaba retrasos en la operación.

En ocasiones en un andén de dos jaulas se cargaban 5 unidades, esto por la premura de realizar las entregas en tiempo y forma. Esto sucedía principalmente en los cierres de mes o en temporadas altas.

Una vez cargadas las unidades el área de tráfico realizaba un formato de control de rutas donde indicaba el número de facturas, número de cajas y ruta a la que pertenece; además de contener los datos del transporte que está realizando la ruta, esto con la finalidad de tener un control de cada uno de los embarques.

Conclusión: si una empresa no cuenta con procesos logísticos de recibo, almacenaje, *Picking* (recolección) y embarque sus operaciones serán muy lentas y deficientes, no permiten que sean empresas competitivas y eficientes.

Actividad 1. Procesos operativos de un SIPROYD

Esta actividad tiene la intención que identifiques los procesos operativos dentro de un SIPROYD.

1.   **Observa** los siguientes videos:

- Caso de éxito Comercial Mexicana disponible, en:
      http://www.youtube.com/watch?v=ryqMYWh1EzQ
- Caso de éxito de WMS RedPrairie, disponible en:
      http://www.youtube.com/watch?v=4ZUwQB9gLf0

2.   A partir de lo estudiado en el tema 1.1. Procesos operativos de un sistema producción - distribución y los videos responde las siguientes preguntas:

- ¿Cuál es la relación de los procesos descritos en el tema y los casos de éxito de los videos?
- ¿Qué áreas tienen los SIPROYD y que procesos se llevan a cabo?
- ¿Son eficientes los procesos operativos de Comercial Mexicana y RedPrairie?
- ¿Por qué?
- ¿Qué tipo de recursos identificas que son necesarios para mejorar los procesos operativos de los sistemas de producción - distribución?

1.2. Procesos administrativos

Aun cuando las actividades del Sistema producción - distribución van enfocadas en esencia a cuestiones prácticas, no podemos dejar de lado la parte administrativa, que sin duda es un punto clave y estratégico en el cumplimiento de los objetivos empresariales y logísticos. Dentro de la planeación y del mismo diseño del SIPROYD se contempla toda la estructura organizacional de la empresa, para integrar los procesos de cada una de las áreas integrando los lineamientos corporativos establecidos en las políticas.

Para poder profundizar en este tema, es necesario que entiendas que el sistema producción - distribución no sólo es una unidad de negocio, sino un elemento estratégico dentro del sistema de una empresa, que busca con su funcionamiento, obtener ventajas competitivas dentro del mercado.

Sistema, es un concepto que conjunta los elementos de un organismo de forma lógica, que trabajan en armonía para alcanzar objetivos u estados. ¿Cómo se puede estudiar al sistema producción - distribución desde el punto de vista sistémico? ¿Cómo integrar los procesos que se llevan a cabo en el SIPROYD para generar un buen diseño?

Para contestar la primera pregunta es importante recordar la teoría general de sistemas, donde se menciona que para poder llevar a cabo el análisis de un ente, es necesario definir el objeto de estudio y visualizarlo como un sistema.

Valencia (2002) comenta que el sistema administrativo es la combinación de la unidad administrativa, con todos los elementos y procesos que interactúan con la unidad, también explica que la empresa se puede dividir en diferentes áreas, definiéndose a estas como subsistemas y a la unión de sus actividades como procesos.

De acuerdo con Orozco (2007) la administración desde el enfoque sistémico, se define como un proceso en donde se reúne o se combinan todas las partes de un sistema global para alcanzar los objetivos, donde los elementos están relacionados entre sí, y comunicados de tal forma que se dirigen al cumplimiento del objetivo de la organización.

Si definimos el SIPROYD como nuestro sistema de estudio, debemos dividirlo en partes o subsistemas (análisis) de tal forma que nos permita visualizar, cómo cada una de ellas interactúa para alcanzar sus objetivos. Orozco (2007) nos explica que el sistema solamente puede ser expresado como un conjunto de subsistemas interrelacionados, por ende debemos definir cuáles serían los subsistemas del SIPROYD.

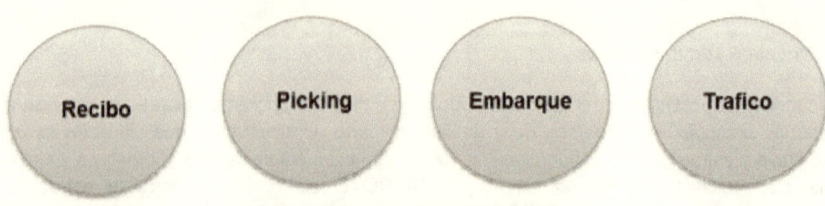

Ilustración 22 subsistemas del SIPROYD

Estas son las grandes áreas que se pueden observar en un SIPROYD, sin embargo en algunos otros casos existen otras áreas que intervienen como apoyo a las actividades que se desarrollan estas son:

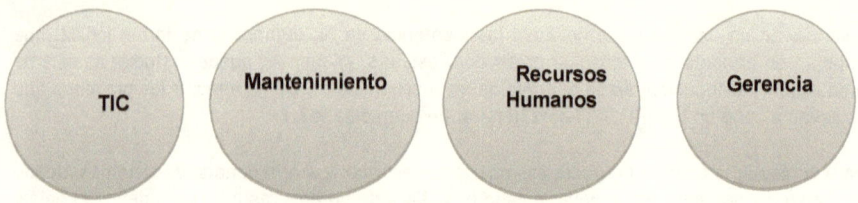

Ilustración 23 áreas de apoyo

Hay dos grandes grupos de subsistemas, el primero tiene que ver con todas las actividades tangibles del SIPROYD, mientras que en el segundo grupo los productos que arrojan son intangibles pero dan lógica a la operación, divididas en actividades administrativas y operativas, indispensables para el buen funcionamiento de la unidad de negocio.

Valencia (2002) proporciona una clasificación interesante para poder determinar el sistema completo del sistema producción - distribución:

1.   Por la función o actividad, como la comercialización, producción, finanzas, etcétera.
2.   Por su naturaleza, donde encontramos, hombres, máquinas, información y productos.
3.   Por el nivel organizacional, estratégico, coordinación, operativo.

El objetivo de este trabajo es la planeación y el diseño del sistema producción – distribución, nos centramos en la **clasificación por la función o actividad,** quedando de la siguiente forma:

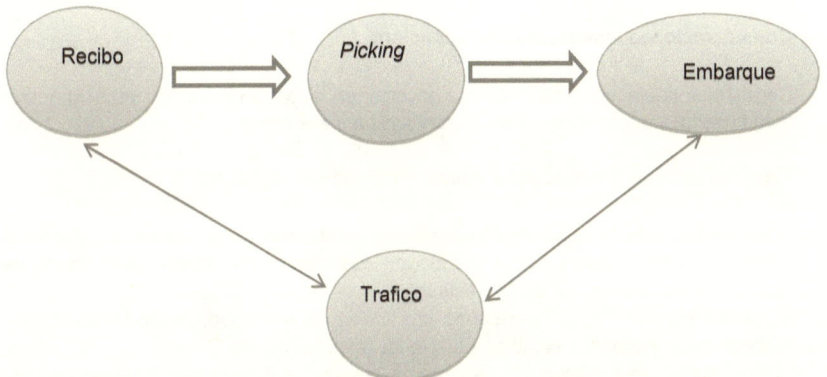

Ilustración 24 clasificación por la función o actividad

Y dentro de cada uno de estos dos grandes subsistemas intervienen cada una de las áreas administrativas.

Orozco (2007) también nos menciona que el diseño de sistema administrativo parte de los objetivos y de las funciones organizacionales, las funciones de los puestos de trabajo y del perfil de los productos o servicios que se desean lograr, considerándose la clase, la calidad y la cantidad de los recursos que se usarán en dichos procesos.

Por otra parte, Valencia (2002) menciona que en la identificación de las **consideraciones básicas** (que son los aspectos que se toman en cuenta para el diseño de procedimientos desde el punto de vista de la teoría de sistemas) ayudará a conocer la situación, el alcance y la índole del trabajo de los sistemas y procedimientos.

Valencia (2002) menciona las consideraciones básicas, que son:

1.   **Consideraciones anteriores al hecho**. Decidir lo que va a efectuarse, políticas expresadas en cantidades, especificación de los productos, servicios etcétera.

- ¿Cuándo debe hacerse?: Prioridad, secuencia, y programación de la producción
- ¿Quién va a efectuarlo?: Organización, delegación de la autoridad, división y coordinación del trabajo y relaciones funcionales.
- ¿Cómo va a efectuarse?: Sistemas procedimientos, métodos de control de calidad, estandarización de las prácticas de trabajo, publicación de manuales de operación (procedimientos)
- Disponibilidad de los recursos necesarios con qué hacerlo: adquisición y aprovisionamiento, construcción, mantenimiento, administración de personal y financiera

2. **Consideraciones inmediatas a la ejecución:**

Consiste en la ejecución de lo que va hacerse; en la forma y en el tiempo programado para hacerlo, usando los recursos disponibles para ese objeto.

3. **Consideraciones posteriores al hecho** (valoración de lo realizado):

- ¿Qué se ha hecho?: Deben de observarse las evidencias de los resultados obtenidos, informes y estadísticas sobre la producción cuantitativa y su costo, comparando los resultados alcanzados con los proyectados.
- ¿Qué tan bien se hizo?: Consiste en la revisión de la calidad, medición del trabajo, reacción del consumidor, estudios y auditorias administrativas
- ¿Debe continuarse haciendo?: Abarca la revisión del producto final, análisis de mercado, análisis del costo, investigación del consumidor, y análisis de operaciones.
- ¿Podría mejorarse lo que se está haciendo?: Consiste en rediseñar el producto (reorientación de servicio); en mejorar la estructura de la organización, y de los sistemas y procedimientos involucrados en la producción, el manejo de personal, abastecimientos, administración financiera, y los procedimientos usados para planear y programar las actividades futuras de la empresa.

La esencia de los procesos administrativos se basa en llevar a cabo de manera tangible las acciones planteadas para alcanzar los objetivos trazados por la empresa, así como de las diferentes áreas y unidades de negocio (Nodos logísticos desde el punto de vista comercial).

1.2.1. Políticas del proceso administrativo

El camino que traza cada sujeto determina la cantidad de pasos que deberá realizar para alcanzar su objetivo. En el mundo empresarial las organizaciones desde su concepción deben de proyectar las bases de su construcción ética, moral y filosófica que deberán de contener las acciones que se llevarán a cabo cada uno de los integrantes de la corporación que en conjunto integrarán la cultura organizacional de la empresa.

De acuerdo con Puchol (2007) las políticas empresariales son las declaraciones o ideas muy generales que representan la posición oficial de la compañía ante determinadas cuestiones y ayudan a tomar decisiones conforme a la cultura de la empresa. También explica que algunas tareas han analizado sus raíces basándose en la cultura empresarial, llamando a dichos proyectos como plan maestro o ideario, sin embargo la finalidad de ambos es dar respuesta a las interrogantes:

- ¿Quiénes somos?
- ¿De dónde venimos?

- ¿A dónde vamos?
- ¿Qué pretendemos?
- ¿Cómo lo vamos a lograr?

El propósito real de las políticas en una organización, es simplificar la burocracia administrativa y ayudar a la organización a obtener utilidades. Una política tiene razón de ser, cuando contribuye directamente a que las actividades y procesos de la organización para que logren sus propósitos" (Puchol, 2007).

Para que una política sea bien diseñada y en consecuencia bien aceptada, menciona que se deben tomar en cuenta dos aspectos:

1. Involucrar activamente a la gente que conoce y trabaja con los procesos.
2. Informar y explicar los beneficios de manera oportuna y adecuada a la gente afectada o involucrada (colaboradores, directivos, proveedores, visitantes, etcétera). (Puchol, 2007).

Para poder llevar a cabo un ideal es importante que las personas o el grupo estén convencidas de ella, que su participación es muy importante para poder llevarla a cabo, para esto es indispensable que la idea sea comprensible para así estructurar una política.

Estallo (2007) menciona que "Una política define los **fines generales y cualitativos"**, otros autores la conciben como una norma de conducta o como un enunciado general que guía la toma de decisiones e incluso como los límites entre los que pueden tomarse las decisiones y que dirigen a éstas hacia los objetivos.

Los aspectos fundamentales que se toman en cuenta para definir las políticas empresariales son:

- **Política de producto o servicio**: Esta política está regida por el mercado y su evolución, así como a los avances tecnológicos, en la estructura de la organización y por el personal de la empresa.
- **Política comercial**: en esta se determina los canales de distribución, la marca del producto o servicio, la publicidad, la red de ventas y los precios
- **Política de equipos**: Se refiere a la normatividad, el uso y manejo de herramientas, equipos y vehículos de la empresa.
- **Política financiera**: Se refiere a las formas en que se realizarán las inversiones, financiamientos, pagos y compras.
- **Política de personal**: Se refiere a los lineamientos que se tomaran en cuenta en los procesos de, contratación, formación, sustitución, así como la asignación de las actividades o reducción de personal por contingencias.

Estos son los tipos de políticas que en conjunto determinan el proceder de las instituciones, empresas públicas o privadas, sus lineamientos sirven para estructurar cada uno de los procesos que se llevan a cabo en las áreas administrativas como operativas y son la base para el éxito de cualquier empresa.

Ahora bien, para poder llevar a cabo el diseño y la planeación de las políticas del Sistema producción - distribución es importante considerar los siguientes aspectos:

1.   Clasificación de la empresa.
2.   Marco regulatorio por tipo (s) de producto (s).
3.   La visión, misión, y los objetivos.

Te enfrentarás en el diseño de proyectos, a políticas que ya han sido diseñadas y que deberás retomarlas para reflejarlas dentro del plan, por ejemplo: si la empresa se dedica a la comercialización de alimentos está sujeta a diferentes normas sanitarias que rigen su operación en el mercado, esto la obliga a tener **políticas de calidad, seguridad e higiene**, aplicables a sus instalaciones, personal y proveedores de tal forma que le ayuden a cumplir de manera sistemática con lo solicitado en dichas normas y le permitan posicionarse en el mercado.

Podemos redactar muchas políticas y de nada servirá si estas no se reflejan en las operaciones de las empresas pues estas están pensadas para:

1.   Cumplir con el marco regulatorio de la entidad donde se tienen la inversión.
2.   Posicionarse en el mercado a través de la estructuración de cadenas de valor que brinden ventajas competitivas.
3.   Mejorar los procesos para disminuir los costos y los gastos generados en la organización.

Pensemos en un restaurante planeado para un segmento de mercado con ingresos medios con una población de edad promedio de 35 años, el cual exige variedad en los platillos y espacios para eventos especiales.

Con estos requerimientos los dueños deben de planificar su operación para:

1.   Cumplir con las leyes, normas y reglamentos establecidos por la delegación o municipio.
2.   Realizar un estudio de mercado que permita homogenizar las necesidades de los clientes y brindar los servicios que se requieren.
3.   Diseñar las políticas y los procedimientos de operación del restaurante.

 Para poder cumplir con las necesidades de una población de edad promedio de 35 años con ingresos medios se plantean los siguientes lineamientos

1.   Brindar desayuno comida y cena a la carta.
2.   Brindar desayuno, comida y cena del día.
3.   Ofrecer servicio de eventos especiales (cumpleaños, servicio ejecutivo de *buffet,* etc.).

4. Tener estos horarios de atención. 8:00 a 12:00 desayuno, 12:00 a 18:00 comida, 18:00 a 22.00 cena-baile.
5. Servicio al cliente: antes, durante, y después del servicio.
6. Proveedores: atención 4:00 a 7:00 con facturación electrónica.
7. Elaboración de alimentos, en base a estándares de calidad ISO-9001.
8. Eliminación de desechos y residuos, en bases a estándares de salubridad.
9. Fumigación, periódica (cada dos semanas).

Cada uno de estos lineamientos, al establecerse dentro de los procedimientos, se convertirá en las políticas de la empresa que le ayudarán alcanzar los objetivos planteados al arranque del negocio.

1.2.2. Sistemas de comunicación e información

Dentro del SIPROYD, el manejo de la información es muy importante, pues de ello depende la eficiencia de las actividades que se realizan dentro, el diseño debe plantear la estructura que se necesita para tener un buen manejo de datos, de comunicación entre las áreas así como con todas las unidades de negocio.

La estructura debe contemplar todas las necesidades planteadas para la operación y la administración del SIPROYD, para ello se plantea la integración de los subsistemas en base a las necesidades de información y de comunicación así como los usos de las tecnologías disponibles en el mercado acorde al presupuesto planteado.

Para poder determinar el sistema de información y comunicación, es necesario retomar los lineamientos generales de la empresa: la visión, la misión, el objetivo general de la corporación así como sus políticas internas y externas.

Revisaremos algunos conceptos, de acuerdo a la Real Academia Española (2008) que define **dato** como un elemento del conocimiento que carece de significado por sí mismo, o que esta fuera de su contexto, el dato tiene un carácter individualizado y simple frente a un producto semielaborado como es la información. Mientras que la **información** la define como un conjunto de datos, elaborado y situado en un contexto, de forma que tiene un significado para alguien en un momento y lugar determinado.

Otro de los conceptos importantes que hay que revisar es la que clasifica a la información empresarial, ya que es el punto donde trabajaremos en el diseño, la primera es la **información interna** que es la que se produce en el interior de la empresa como consecuencia de las distintas actividades cotidianas, así como las reglas y las normas de funcionamiento establecidas. **La información externa** es la que se genera en el entorno de la empresa.

Dentro de estas clasificaciones también que existe la **información primaria** que es la que no ha sufrido ningún tipo de tratamiento y la **información secundaria** que es la que ha sido manipulada.

Nos enfocaremos al diseño de **la información administrativa** que muestra resultados generales, tendencias de interés y permite a los directivos comparar el rendimiento planeado con el real en los distintos departamentos, áreas y divisiones de la empresa.

El diseño de los Cetros de Distribución es bastante complejo porque además de determinar los distintos procesos que se llevan a cabo en las diferentes áreas también hay que delimitar la información y las comunicaciones para poder realizar un diagnóstico de necesidades acorde al giro de la empresa y su mercado, a las actividades y necesidades de cada área así como de cada uno de los proveedores.

Los elementos que se toman en la comunicación corporativa se determinan en base a las mejores prácticas para intercambiar información entre áreas de tal forma que se tengan los mejores resultados, a nivel personal como corporativo.

Cuando un directivo se encuentra en el proceso de planeación, lo primero que le viene a la mente es ¿Cómo integro la tecnología para aumentar la productividad, la eficiencia y a la vez, disminuyo los costos?

Anaya (2007) comenta que para la integración de la tecnología el directivo debe de responder a tres cuestiones básicas:
1.   ¿Qué aplicaciones de negocio son más apropiadas para aumentar el rendimiento de los procesos de negocio?
2.   ¿Qué tecnología de infraestructuras y que aplicaciones básicas son más apropiadas para la contribución de las mismas al negocio (menor coste mayor efectividad)?
3.   ¿Qué modelo de gestión de la tecnología es el más adecuado para mi empresa?

 Los elementos a considerar en el diseño de necesidades de información y comunicación son:

1.   Información en tiempo real.
2.   Alto nivel de confiabilidad.
3.   Flexibilidad y manipulación de datos en diferentes Software.
4.   Disponibilidad para cada una de las áreas y unidades de negocio.

La tecnología es un factor importante que depende del presupuesto del que se dispone para la operación.

La política de la empresa agrupa los elementos y las vías de comunicación controlables por ella, tales como la comunicación comercial y sus cuatro soportes: producto, red de ventas, publicidad y promoción de ventas, además de las relaciones públicas y la comunicación institucional o corporativa, al fin y al cabo, responsabilidad de la Dirección General.

1.2.3. Distribución de recursos

En la primera parte desglosamos cada una de las actividades que se llevan a cabo en las áreas del SISTEMA PRODUCION - DISTRIBUCION, planteamos también la importancia de las políticas y del uso de la tecnología de tal forma que debemos plantearnos diferentes cuestionamientos que nos permitan proyectar las necesidades de cada una de las áreas y los tiempos mínimos/máximos para proveer el recurso.

Dentro de los procesos administrativos es importante determinar el **¿Cómo?, ¿Dónde?** y **¿Cuándo?** se pueden hacer uso de recursos para el desarrollo de las operaciones y para poder generar la detección de necesidades es importante contestar las siguientes preguntas por área, equipo de trabajo y por persona:

1. ¿Qué se va hacer?
2. ¿Con que herramientas, equipos, vehículos y materiales?
3. ¿Cómo se va hacer?
4. ¿Qué resultados se esperan?

Esto nos dará un enfoque de todos los equipos, herramientas, vehículos y materiales que se necesitan para poder desarrollar cada una de las labores planteadas y un estimado de los tiempos que deben de tardar los procesos de compras, entregas físicas a cada área, mantenimientos y reemplazo.

Analicemos el caso de un operador de *Picking* (recolección) en un SIPROYD de perecederos donde para conservar la mercancía es necesario tener una infraestructura con instalaciones de control del clima para alimentos congelados:

1- **¿Qué va hacer?** Consolidar pedidos
2- **¿Cómo lo va hacer?** Esta pregunta sirve como un recordatorio al proceso que estudiaste en el tema 1.1.2.*Picking* (recolección), nos ayudará a visualizar lo que cada hombre, equipo y área necesita para su labor.
3- **¿Con que herramientas, equipos, vehículos y materiales?**
  ➤ Traje térmico
  ➤ Botas térmicas
  ➤ Guantes
  ➤ Cúter
  ➤ Pasamontañas
  ➤ Patín manual
  ➤ Patín eléctrico
  ➤ Pallets
  ➤ Playo
  ➤ Cajas de cartón o plástico
  ➤ Scanner
  ➤ Hand Held, Pocket

4   **¿Qué resultados esperamos?** Esta parte se refiere a que es lo que esperamos como mínimo y como lo óptimo en la actividad del hombre, equipo y área del SIPROYD, para determinar del presupuesto.

5   **¿Cuánto se está dispuesto a invertir?** El parámetro se diseña con base a los requerimientos del mercado, las políticas de la empresa, el presupuesto y las normas a las que están sujetos por los productos que se manejan.

Es importante señalar que cuando se realiza el análisis por equipo de trabajo y del área, también se deben de contar los medios de comunicación, información y tecnológicos que se usan para coordinarlos, supervisarlos e integrarlos con las actividades de otras áreas.
Además se debe de considerar la cantidad de personal destinada para la instalación acorde a la oferta proyectada del servicio que se brindará en el SIPROYD.

Ya que tenemos desglosado los recursos que se necesitan para la operación y administración del SISTEMA PRODUCION - DISTRIBUCION se debe de obtener el presupuesto (te invitamos a recuperar lo aprendido en tus asignaturas de Finanzas, Contabilidad y costos) destinado a invertir y de las necesidades mínimas y óptimas se realiza el ajuste para adquisición de los recursos materiales a utilizar. Un aspecto importantísimo en la adquisición de los recursos es el análisis de los proveedores, los servicios antes durante y después de la venta así como las facilidades de pago que se ofrece.

Actividad 2. Procesos administrativos

La intención de esta actividad es comprender los procesos de un sistema producción - distribución.

1. **Recuerda** que experiencias has tenido y qué procesos has observado en tiendas comerciales, pueden ser de venta al mayoreo y menudeo, o pueden ser almacenes y bodegas de venta a minoristas y mayoristas.

2. Con base a lo explicado, intercambia opiniones con tus compañeros(as) respecto a:

a.   ¿Cuáles son los procesos administrativos que identificaste en las tiendas comerciales?
b.   ¿Cuál es tu experiencia en relación con los SIPROYD?

1.3. Diseño logístico de la instalación

El diseño logístico de las instalaciones de un SIPROYD, está condicionado a la lógica operativa de cada empresa. Por lo tanto, la cantidad de zonas de almacenes generalmente va en función del mercado, del volumen de la carga, el peso, la estructura física (forma), empaque de la mercancía (cajas, atados, bultos, etc.) y la rotación que puede presentar la mercancía.

Ilustración 25 Diseño logístico de las instalaciones de un SIPROYD

Fuente: System Logistic Internacional.

Especialistas en logística (como es el caso del equipo de *Pricewaterhousecoopers*) han identificado dos fases fundamentales al momento de diseñar un almacén; estas son:

* Fase de diseño de la instalación.
* Fase de diseño de la disposición de los elementos que deben "decorar" el SIPROYD; es decir el Layout del SIPROYD.

Por tal motivo, el diseño de un SIPROYD es fundamental para garantizar las necesidades logísticas de las empresas.

A continuación se enlistan los criterios más importantes que se tienen que considerar para realizar el diseño de un SIPROYD:

a) **Número de plantas o pisos**: Esto va en función de los volúmenes de carga y el tamaño de la superficie del terreno, pero de preferencia se recomienda que las instalaciones sean de una única planta, para garantizar la eficiencia en la operación y la optimización de costos.

b)   **Diseño de almacén:** el diseño del almacén es fundamental pues de éste depende la esencia de la operación, la eficiencia y el alcance de los objetivos logísticos. Para poder determinar la proyección física es necesario integrar el tipo de producto, sus dimensiones, el volumen proyectado de producto por día, mes y año. De ello dependerá la selección de cada uno de los materiales, herramientas, equipos, vehículos, cantidad de personal y su distribución. De esto se desglosa el *layout* y la distribución de planta de cada uno de los recursos a utilizar.

c)   **Diseño de Instalaciones:** Una vez que están proyectadas las necesidades, se debe plantear las dimensiones de la instalación, la distribución de planta, el *layout*, tomando en cuenta los andenes para las entradas y salidas de mercancía, el almacén, racks, columnas, ventilación eficiente, dispositivos contra incendios, seguridad (vigilancia interna o circuito cerrado), las instalaciones eléctricas y salidas de emergencia.

d)   **Vehículos, herramientas y equipos**: Se recomienda integrar un número de dispositivos de acuerdo al volumen de carga a movilizar estimado como lo son racks, montacargas, rampas, bandas (manuales, semiautomáticas o automáticas). En el caso de que sean automáticas, hay que agregar dispositivos electrónicos que permitan facilitar las operaciones como escáner y lectores de códigos de barras sin olvidar los sistemas de comunicación e información.

e)   **Integración de Materiales al diseño**: Se tiene que considerar el material asignado para la infraestructura del SIPROYD, los parámetros principales son: la resistencia, el ambiente, el desgaste, las condiciones de higiene y seguridad así como el mantenimiento.

Después de tener en cuenta estos puntos se deberá de integrar un Layout, que nos ayude a organizar la distribución de la mercancía dentro de la instalación, con el fin de hacer más eficiente las operaciones al momento de construir y ejecutar el diseño.

Revisa los siguientes videos para que puedas observar cómo impacta su diseño en la operación de los almacenes y SIPROYD:

•   FedEx Supply Chain Global Distribution Center
•   Almacén de inventarios

Al realizar el layout de un SIPROYD, se tiene que incorporar los procesos que se llevan a cabo en cada una de las áreas. En el diseño de la infraestructura se deberán incluir las políticas de inventario que la empresa destinará a su operación; tomando en cuenta las condiciones físicas del producto, la rotación, la diversificación, además de los equipos, herramientas y vehículos destinados a la manipulación de la carga. Una de las partes importantes en el diseño de layout considera las características, especificaciones y tecnología incorporada en los racks que son las estructuras donde se colocarán cada una de las mercancías a manipular.

Revisa el siguiente video:

"Caso de Exito Tecnologia para Logistica WMS de RedPrairie en Pepsico Fritolay", en http://www.youtube.com/watch?v=693H_8BDFas

Identifica las variables que intervienen; así como la importancia que tiene el rack en la optimización de los procesos operativos.

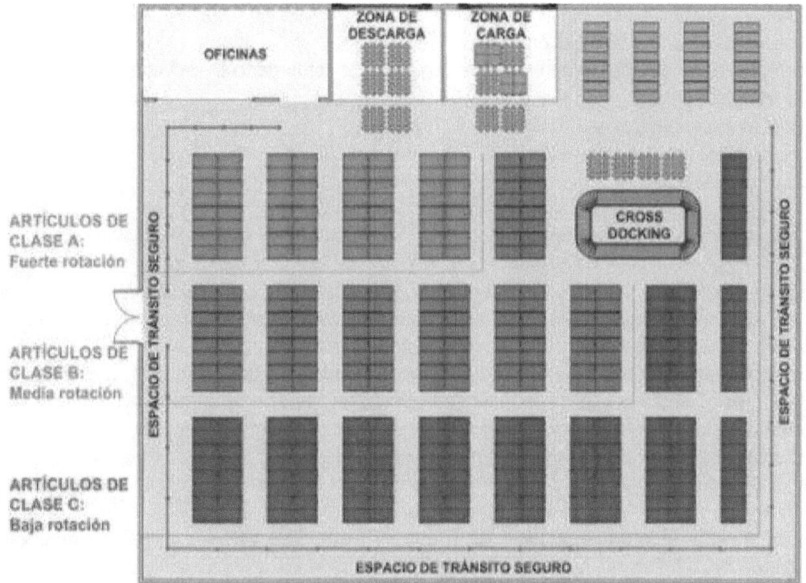

Ilustración 26 Ejemplo de Layout de un SIPROYD.

Fuente: Salazar López (2014).

En esta imagen se muestra el diseño del layout basado en la rotación de los productos que se manejan en la instalación, además del orden lógico de los racks instalados en la infraestructura, en base a la metodología de la ABC, que consiste en tres clases:

Artículos de Clase A: Son todos aquellos productos que su rotación es fuerte, que constantemente se están moviendo.

Artículos de Clase B: Son todos aquellos productos con una rotación media y por lo tanto se centralizan en el segundo escalón de preferencia.

Artículos de Clase C: Son todos aquellos productos con rotación baja y por lo tanto se colocan en un lugar más alejado a los anteriores, para moverlos lo menos posible.

En el diseño logístico de la instalación es indispensable tomar en cuenta los siguientes puntos:

Bien, producto, mercancía

Volumen y peso proyectado en el servicio por día, semana, mes y año.

Empaques y embalajes.
Clasificación de producto y condiciones básicas de manejo.
Normatividad.
Maquinaria, herramientas, materiales, equipos y vehículos o Montacargas, patín eléctrico, patín manual y plataformas.
Tipo de pallets, sistemas de sujeción, etc.
Equipo para personal de seguridad, de higiene, de emergencia, de comunicación, de información y operativos.
Procesos por hombre, área y SIPROYD.
Políticas empresariales y de inventario.
Mercado y proveedores.

1.3.1. Mercado y oferta programada

El mercado para una empresa es la integración planificada y la combinación de actores que delimitan las oportunidades de las empresas para posicionarse en el consumidor final; éstos tienen como función realizar evaluaciones respecto al precio, promoción, plaza y el producto o servicio que se pretende vender o posicionar. Es indispensable entender que para un SIPROYD, los inventarios que se manejan son un factor importante en la mercadotecnia del producto y servicios que se ofertan; por lo tanto, se tienen que complementar de la mejor forma para realizar una oferta programada antes de empezar a realizar la operación y es necesario que la logística integral satisfaga las necesidades de todas las líneas de proceso del sistema.

Los inventarios es todo aquel procedimiento que se sigue dentro de un SIPROYD, regula la parte operativa y administrativa dentro de un SIPROYD. Con estos procesos se determinan; ¿Cómo se tiene que realizar el conteo del inventario?, ¿En qué tiempo se deberá realizar?, ¿Cómo se ingresan los registros en el inventario (Las entradas, las salidas, lotes y fechas)?, ¿Cómo se alimentan y reciben las órdenes del pedido?, y ¿Cómo tener un adecuado almacenamiento en bodegas y estantería con las condiciones óptimas que los productos necesitan?

Para esto se debe tener conocimiento sobre todo lo que se deberá de inventariar dentro de un SIPROYD:

- En primer lugar la materia prima, siendo todo tipo de material que puede sufrir una transformación, y que no es un producto terminado.

- En segundo lugar los productos en proceso de manufactura y que apenas se encuentran en fabricación.

- En tercer lugar están toda la manufactura o la producción terminada que pueden ser puestos para la venta final.

- Y por último todo aquel material que se emplea para el empaque y embalaje, este es parte del producto anterior; pero sus especificaciones condicionan un stock para poder procesarlo.

Tipos de inventarios:

* **Inventario físico**: Es la forma de conteo físico del total de existencias, lo cual se realiza en función de un periodo determinado. El costo que implica esta forma de inventariar, pueden tener como consecuencia que se interrumpan las actividades funcionales (puede ser un día o más). Además de ello, la información obtenida se fundamenta en el conteo que se tiene, pero no se identifican las cantidades que deberían de existir.
* **Inventario cíclico:** Es la forma de conteo por periodos o ciclos, en función de los plazos definidos a principios de año. Esta forma de inventario es más eficiente ya que se necesita menor tiempo para realiza el conteo de entradas y salidas. Con esto se permite tener una organización eficiente en el balance empresarial y garantizar menores conteos y hacer una verificación óptima de las mercancías o productos.

Inventar aleatorio: Es un conteo aleatorio que debe implementarse de forma permanente, lo cual permite tener datos más precisos de los productos que están en proceso y de los que están terminados. La persona encargada del inventario debe realizar este conteo y organizar los productos de acuerdo a ciertos parámetros según sus características, como: o productos más vendidos, o Productos con el vencimiento más próximo o Productos de fácil comercialización.

Modelo de Gestión de un SIPROYD:

* Al tener la certeza del tipo de inventario que se maneja, se puede dar referencia al diseño óptimo de las instalaciones que deberá de tener el sistema producción - distribución para un eficiente flujo de mercancías. Con ello se busca minimizar los costos operativos, además de incrementar el nivel de servicio de la cadena logística.
* Cuando la empresa diseña las condiciones para tener un SIPROYD, se emplea un modelo de gestión que garantiza el nivel de confiabilidad, así como la ubicación especializada de las áreas operativas.
* Se identifican indicadores óptimos de inventario, su propósito es regular y estructurar las condiciones adecuadas y tangibles para medir los procesos operativos identificando variables de mejora. Por ejemplo en el SIPROYD, es necesario identificar los problemas operativos como los cuellos de botella en las entradas y salidas de las instalaciones, las mermas, etc. que se pueden suscitar; además de ver la competitividad con empresas de similares condiciones.
* En simples palabras teniendo un inventario e indicadores adecuados, se tienen expectativas de reducción de costos, mejoras en los tiempos de entrega, además de la optimización del servicio.

Forma de Implantar un modelo de Gestión de Indicadores:

El objeto logístico deberá ser funcional, por lo tanto al desarrollar los indicadores de medición, se consideran las actividades que satisfagan las necesidades de la gestión; para lo cual se presentan los principales aspectos a considerar en la toma de decisiones:

1. Se deberá detectar el proceso a medir en áreas operativas y administrativas.
2. Identificar y conceptualizar los pasos a seguir de cada proceso.
3. Especificar el alcance del indicador y establecer la variable que medirá (Tiempo, Costo, Volumen, etc.).
4. Tener la información clara del proceso.
5. Se tendrá que cuantificar y hacer una medición de las variables propuestas.
6. Especificar el indicador que controlará el proceso.
7. Retroalimentar y hacer comparativos en función de tiempo, mes a mes o anualmente, para ver el comportamiento del indicador y tener un referente de comparación.
8. Mejorar los procedimientos en base a la factibilidad y modificar constantemente el indicador para ajustarlo a la satisfacción de los procesos.

Entre los principales indicadores, se toman en consideración los siguientes:

- Indicadores de Utilización

$$\text{Utilización} = \frac{\text{Capacidad utilizada}}{\text{Capacidad disponible}}$$

- Indicadores de Rendimiento

$$\text{Rendimiento} = \frac{\text{Nivel de Producción Real}}{\text{Nivel de producción Esperado}} \times 100$$

Indicadores de Productividad

$$\text{Productividad} = \frac{\text{Valor real de producción}}{\text{Valor esperado de la producción}} \times 100$$

Estos son los indicadores que se toman en cuenta cuando se realiza el plan para el diseño de un SIPROYD. El análisis de todas las actividades logísticas permitirá tener una proyección de los resultados esperados del proyecto.

1.3.2. Factores claves para el diseño de un sistema producción - distribución

Para el diseño eficiente de un SIPROYD, se recomienda tener en cuenta los siguientes aspectos:

1. **Tipo de mercancía**. Es indispensable conocer y saber el tipo de carga que se va a movilizar, ésta puede ser carga seca, perecederos, o de diferentes productos. El acondicionamiento va en función de las necesidades de cada empresa.

Archivo personal (2015)

2. **Dimensiones de la mercancía y volumen de carga**. El acondicionamiento es relativo a los volúmenes de la mercancía, ya que se tienen que delinear formas para adaptar estas necesidades. Además de integrar racks o equipo necesario para la operación, se tiene que realizar el cubicaje de las bodegas, lo cual evitará tener espacios inutilizables.

Ilustración 28 Dimensiones de la mercancía y volumen de carga.

Cantidad de proveedores. Es indispensable saber la demanda, para conocer el volumen de carga que se espera en el SIPROYD. Por lo tanto, es necesario tener una cartera de proveedores y regular los inventarios para saber cuál será el tipo de carga que rotará con mayor frecuencia.

3.   **El número de empleados**. Se obtiene en base al volumen de carga y la distribución de las áreas operativas, tomando en cuenta las tareas encomendadas.

4.   **Mejorar la operación** y acoplar los procedimientos de acuerdo a las necesidades de la empresa, tanto las normas y la planeación del benchmarking; que se define como un "proceso sistemático y continuo para evaluar comparativamente los productos, servicios y procesos de trabajo en organizaciones".

5.   **Definir el *Layout*** más adecuado que garantice la eficiencia de las necesidades de la empresa. Es indispensable tomar en cuenta el anterior punto para apegarse a la realidad, se debe de definir la misión del SIPROYD de manera clara para que mantenga una proyección a futuro de un periodo de entre 5 y 10 años. Asimismo, debe considerar los cambios en la operación en función a nuevas técnicas y mejores prácticas. Finalmente, las tendencias para la mejora de nuevas herramientas tecnológicas que faciliten los procesos operativos del tiempo donde se sitúa.

Antes de construir un SIPROYD, es necesario **evaluar el diseño** en base a una simulación integrando los procesos operativos y administrativos. Con esto se garantiza analizar de forma eficiente los problemas que se pueden suscitar y modificar. Gracias al *Layout,* se pueden especificar la infraestructura con la aprobación de una inversión adecuada. La simulación puede ser por medio de AutoCAD, para definir tiempos y movimientos, traslados entre puntos de salida y entrada, así como la puesta en marcha de los procesos logísticos.

6.   **Una vez diagnosticado** el *Layout* y analizada la logística operacional, es indispensable tener un terreno, que garantice la superficie suficiente para la puesta en marcha del proyecto y poder generar una infraestructura adecuada.

7.   **La construcción de las instalaciones** y la compra del equipo para la operación del SIPROYD es elemental de acuerdo a los espacios proyectados y al tipo de producto que se manejará dentro de las instalaciones.

8.   **Es fundamental que en la ubicación del SIPROYD**, exista mano de obra. Puesto que este será un factor determinante de generación de empleo, se deberá de considerar la disponibilidad de personas a contratar y que esto no sea un obstáculo para la operación.

9.   Otro factor indispensable para la realización de un SIPROYD, es **definir el modo de transporte** que puede ingresar a nuestras instalaciones (Carretero, Ferroviario o en algunos casos Aéreo). La complejidad va en función del modo de transporte y a sus características específicas, pero si se considera en primer lugar el transporte carretero, este deberá de tener accesibilidad a la red de transporte y principalmente comunicación de las carreteras. En México la conexión es por medio de los ejes troncales que son 14 y que comunican a los diferentes Estados de la República Mexicana. Estas vías de comunicación son de altas especificaciones y comunican a los principales polos industriales de las zonas, permitiendo garantizar el cumplimiento de la operación logística de clientes y proveedores. No debes olvidar que se deben de considerar todas las restricciones, como las leyes, reglamentos y normas a las que la empresa y el transporte estén sujetas.

1.3.3. Asignación de espacios

El diseño de un SIPROYD está condicionado al tipo de producto que maneja en cuanto al tamaño, el peso, la forma en que se encuentra, el envase y/o empaque, las características particulares y la resistencia que soporta al ser movilizado. Por lo tanto es indispensable tener en cuenta un diseño de áreas funcionales, e integrar a los equipos para la operación mecánica, semiautomática y automatizada, lo cual permitirá realizar una planeación en la asignación de los espacios del SIPROYD.

Hay que considerar los siguientes aspectos funcionales:

1. Las dimensiones de la mercancía y sus características físico-químicas para su conservación.
2. Las dimensiones de los dispositivos a utilizar para colocar la mercancía.
3. Las dimensiones del transporte a utilizar para la distribución.
4. Las dimensiones de los andenes.
5. Las herramientas, equipos y vehículos a utilizar, pensando también que requieren de una bodega o un lugar para su resguardo; por lo que se deben de contemplar las medidas para una adecuada distribución de planta.
6. La cantidad de personal y los espacios físicos para cubrir con sus necesidades básicas en los horarios laborales.
7. Oficinas administrativas, analizando su intervención dentro y fuera de la operación
8. Logística de evacuación por simulacros y eventos naturales.

Se considera que en el SIPROYD las operaciones reguladas de carga y descarga, tienen que tomar en cuenta aspectos de seguridad, además de que deberán de ser eficientes. Por lo tanto se tienen que tener áreas operativas acordes con las necesidades de la empresa y que garanticen las maniobras dentro de la infraestructura.

1. **Áreas del sistema producción - distribución**

En el diseño de la instalación logística de un SIPROYD debe considerar la asignación de espacios, de las principales áreas funcionales:

2. **Áreas externas**

*   El Muelle de carga y descarga.
*   Área de recepción.
*   Área de oficinas y áreas de servicio:
a. Estructura administrativa
b. Servicio Médico
c. Comedor
d. Seguridad
e. Vestidores

3. **Áreas internas**

- Área de *stock*.
- Área de *picking o* de preparación de pedidos.
- Área de verificación.
- Áreas especiales: o Devoluciones
o Almacenamiento de materiales (estibas, canastas, etc.)
o Repuestos y equipos de mantenimiento
o Cuarto de baterías
o Parqueadero de equipos
o Calidad
o Vigilancia
o Protección civil y la distribución de sus dispositivos de seguridad
o Servicio médico

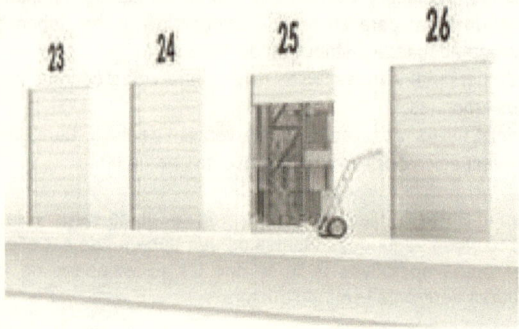

Ilustración 29 Estructuración del diseño de áreas externas de un SIPROYD (Layout).

Fuente: Salazar López (2011).

El diseño externo de un SIPROYD, se fundamenta en la asignación de la orientación de la infraestructura; se consideran la conexión con las vías de comunicación; las dimensiones del transporte y sus maniobras; el acomodo de los andenes, muelles, las plataformas, las rampas la ubicación de puertas y cada uno de los equipos a utilizar. Es necesario que las dimensiones de la infraestructura sean acordes a la edificación en cuanto a altura y la superficie. Finalmente, existen muchos factores de vanguardia logística a considerar, tales como el diseño de una infraestructura funcional basada en tecnología.

Accesos principales para un SIPROYD:

Al diseñar un acceso es necesario considerar la factibilidad de las conexiones con las principales vías de comunicación; con esto se garantiza que la introducción del transporte sea eficiente y en menor tiempo. Para garantizar una buena accesibilidad se tienen que tomar en cuenta los siguientes criterios en la elaboración de un SIPROYD:

- En primer lugar, se pueden realizar diferentes tipos de intersecciones entre las que destacan las siguientes:

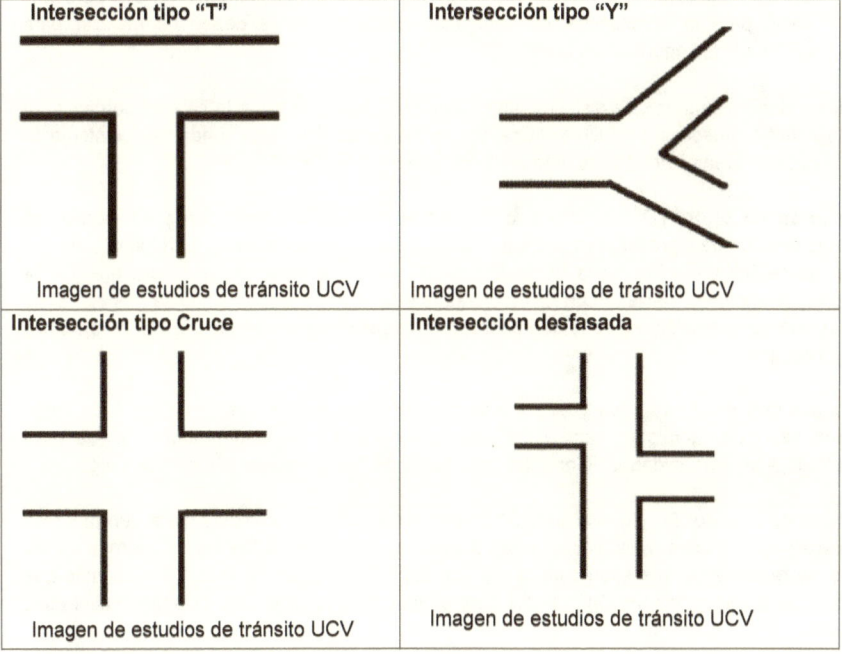

Intersección tipo "T"	Intersección tipo "Y"
Imagen de estudios de tránsito UCV	Imagen de estudios de tránsito UCV
Intersección tipo Cruce	Intersección desfasada
Imagen de estudios de tránsito UCV	Imagen de estudios de tránsito UCV

La más eficiente es la intersección tipo "Y", la cual ofrece ventajas para las unidades de carga al momento de incorporarse hacia la zona del SIPROYD. Además su funcionalidad permite incorporarse más eficientemente a la principal vía de comunicación, ya que las maniobras son mejores por los radios de giro que éstas requieren para posicionarse.

- La conexión de carretera a la vía principal tiene que ser de altas especificaciones, preferentemente de dos carriles por sentido acorde a las condiciones de los camiones de carga que se permitan incorporar al SIPROYD.
- La anchura de las secciones de las vías de servicio en México va de 3.5 a 4 metros de ancho por carril y depende de las condiciones de la superficie del terreno.

- Las superficies de rodamiento deben soportar el peso proporcional de las unidades que transiten por la vía. Ésta oscila de 25 a 60 toneladas y deberá de soportar las condiciones naturales de la zona: la humedad, calor, etcétera.
- La asignación y el sentido del tránsito de las unidades se debe de ubicar en el sentido contrario de las manecillas del reloj, esto permite al conductor tener una muy buena visibilidad; por lo tanto al realizar las maniobras para ubicarse, éstas son de mejor precisión.
- En las instalaciones, se tienen que generar puertas de acceso, tanto para el personal, como para la introducción de vehículos de carga; no se deben de mezclar para garantizar la seguridad en la zona.

Muelles: Son plataformas de distintos materiales, se utilizan para que la caja de un camión o tracto camión, quede a la misma altura del suelo. Ésta tiene que quedar suficientemente establecida en áreas estratégicas para la utilización en un SIPROYD.

Manejo en un SIPROYD: Se tiene que realizar un análisis referente al tipo de mercancía, saber la rotación de ingresos, se tiene que acondicionar para que no existan problemas con los espacios de las unidades. Si la operación es JIT (Justo a Tiempo), se tendrá que dar la importancia al muelle, haciendo un rol de entradas y salidas en base a lo que se maneja. Si no es ese tipo de operación, se tiene que priorizar la operación dependiendo del tipo de producto que va llegando.

Unidades con gran capacidad: Se recomienda que la zona donde estén las cajas de tracto camión sean de hormigón, esto es porque la resistencia de este material, es de gran capacidad, y al traer unidades de gran tamaño, éstas reciben un mayor volumen de carga.

Rampas de acceso: En algunos SIPROYD, son herramientas necesarias, para que tanto los montacargas o patines manuales, puedan acceder con facilidad a las zonas internas de las cajas, se recomienda que sean estructuras que soporten el peso de la carga y además que puedan ser manipuladas mecánicamente para adaptarse al tamaño proporcional de diferentes unidades.

Localización: La mejor localización de un muelle es en la lateral de la infraestructura, siendo esto una alternativa para diseñar la funcionalidad. Esto permite tener diferentes diseños en forma de "U" donde se tiene una misma zona de entradas y salidas. Además brinda flexibilidad en la operación y como consecuencia, que los trabajadores sean utilizados en las funciones propias de carga y/o descarga. Otras formas de diseño de un SIPROYD son la forma "T" y la línea recta, las cuales van en función del flujo de carga y/o descarga. En otro punto se analizará cada uno de estos diseños.

Posicionamiento de unidades: El número de posiciones de las unidades dependerá de la frecuencia de las entregas y del volumen que se estima en el área de recibo; además de efectuar un estimado de tiempo para efectuar las descargas de mercancía e introducirlas dentro de las distintas áreas de almacén. En conclusión el número de posiciones, tiene que ser igual al máximo de unidades que se esperan en las horas de máxima demanda (Por la mañana o por la tarde).

Áreas de carga y descarga: La localización de las áreas de carga y descarga está determinada en función de la orientación del SIPROYD y de las infraestructuras que se encuentran en la periferia. Si el SIPROYD se localiza en zonas de vegetación y tiene varios accesos a distintas calles, se pueden situar áreas de carga y descarga en cualquier posición del frente a las instalaciones. En cambio, si sólo se tiene un único acceso, éste tendrá que estar secuenciado y posicionado sobre esa franja. Para facilitar el flujo de la carga se opta por tener en cuenta los diseños que facilitarían la funcionalidad del área de carga y descarga. Por ejemplo, en un SIPROYD el acomodo de las áreas funcionales es con un diseño en "U", o en la posición "T" o también en línea recta (esto se explica más adelante).

La decisión de tener áreas de carga y descarga ubicadas dentro o fuera del SIPROYD, será en base al tipo de transporte que pueda ingresar a las instalaciones. Puede ser terrestre (Tracto camión, torton, rabón, etc.,); puede integrar una espuela ferroviaria, que no precisamente debe estar dentro de las instalaciones del SIPROYD. También es posible un muelle para un buque de carga, como lo hacen las grandes navieras; o una pista aérea para la mercancía de carga como lo hacen empresas como Estafeta, DHL, entre otras.

Ilustración 30 Diseño de zonas internas de un SIPROYD (Layout)

Fuente: Bryan Salazar López (2013)

Realizar el diseño interno de un SIPROYD, es una tarea muy compleja, que requiere analizar la necesidad real de la organización y además hacer una proyección a futuro para una posible expansión. Además debe adaptarse a las condiciones físicas de la superficie del terreno y de la normatividad que regula la zona donde se desarrollarán las instalaciones.

Una buena implantación de un SIPROYD permite alinear los objetivos planeados del desarrollo, los cuales se deberán de reflejar en el diseño del proceso de operación:

- Hay que aprovechar la superficie máxima disponible.
- Minimizar manipulación de la carga.

- Accesibilidad del SIPROYD.
- Maximizar la rotación de carga.
- Ser flexible en la ubicación de mercancías.
- Tener un control fácil (Inventario) de lo que entra y sale.

Los *"siete principios básicos del flujo de materiales"* , son los listados y especificados en la siguiente tabla:

Principio	Descripción
Unidad máxima	Cuanto mayor sea la unidad de manipulación, se realiza un menor número de movimientos, y, por tanto, menor será la mano de obra empleada.
Recorrido mínimo	Cuanto menor sea la distancia, menor será el tiempo del movimiento, y, por tanto, menor será la mano de obra empleada. En caso de instalaciones automáticas, menor será la inversión a realizar.
Espacio mínimo	Cuanto menor sea el espacio requerido, menor será el costo del suelo y menores serán los recorridos.
Tiempo mínimo	Cuanto menor sea el tiempo de las operaciones, menor es la mano de obra empleada y el *lead time* del proceso; y, por tanto, mayor es la capacidad de respuesta.
Mínimo número de manipulaciones	Cada manipulación debe añadir valor al producto al mínimo costo. Se deben eliminar al máximo todas aquellas manipulaciones que no añadan valor al producto.
Agrupación	Si conseguimos agrupar las actividades en conjuntos de artículos similares, mayor será la unidad de manipulación y, por tanto, mayor será la eficiencia obtenida.
Balance de líneas	Todo proceso no equilibrado implica que existen recursos sobredimensionados, además de formar inventarios en curso elevados y, por tanto, costosos.

Tabla 1 Siete principios básicos del flujo de materiales

Fuente: Bastidas, E. y recomendaciones de MECALUX (2011)

En cada SIPROYD hay 4 áreas que deben estar delimitadas: recibo (Recepción), almacén (almacenaje), *Picking* (preparación de los pedidos) y embarques (expedición). Estas áreas, se dividen en algunos casos internamente en la siguiente configuración.

Distribución interna del SIPROYD	
Área de recepción (recibo)	• Área de control de calidad • Área de clasificación • Área de adaptación
Área de almacenamiento (almacén)	• De baja rotación • De alta rotación • De productos especiales • De selección y recolección • De reposición de existencias
Área de preparación de pedidos (*Picking*)	• Zonas integradas: *Picking* en estanterías • Zonas de separación: *Picking* manual
Área de expedición o despacho (Embarques)	• Área de consolidación • Área de embalajes • Área de control de salidas • Área de transporte
Áreas auxiliares	• Área de devoluciones • Área de envases o embalajes • Área de materiales obsoletos • Área de oficinas o administración • Área de servicios

Tabla 2 Distribución interna del SIPROYD

Fuente: Bastidas, E. (2011)

Distribución en planta del flujo de operativo

Las formas de ajustar un *layout*, se realizan en base a las necesidades de la operación de cada empresa. Por lo tanto, éstas pueden ser las más recurrentes y se caracterizan en tres formas visuales de flujo en la distribución del diseño en forma "U", en "T" y en otro caso de manera lineal.

Distribución en forma "U" (Layout)

Las ventajas primordiales de esta estructura son:

- Al tener un solo flujo de carga, se permite unificar el muelle, por lo tanto existe una interacción de las unidades de carga y/o descarga. Además en esta estructura las operaciones de personal y equipamiento pueden utilizarse para ambas operaciones, lo que resta costos operativos de maniobras.
- Se pueden tener mejores ampliaciones de las instalaciones interiores, pueden asegurarse flujos continuos de mercancías en el tiempo y en las condiciones operativas de menor esfuerzo.

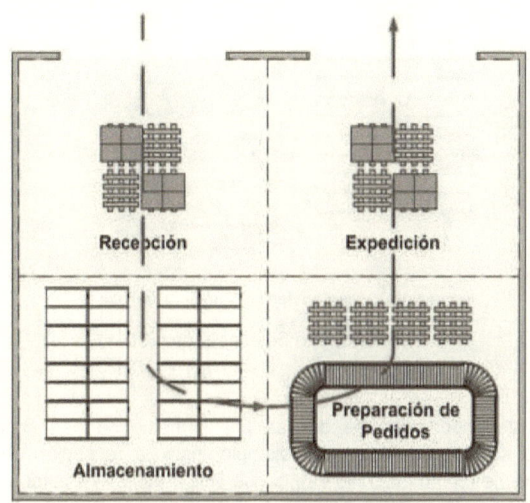

Ilustración 31 Instalaciones interiores

Fuente: Bryan Salazar López (2011).

La ventaja principal de un diseño en forma de "U" está en base a la consolidación de los muelles. Esto permite que las operaciones de carga y descarga se desarrollen de una forma más controlada, utilizando el mismo personal operativo para la realización de las maniobras, lo que reduce costos operativos y mejora la productividad del SIPROYD. Para las unidades de carga es evidente que la accesibilidad a las instalaciones es de mayor afluencia ocasionando en algunos casos aglomeraciones en las maniobras, pero al realizar una programación adecuada en entradas y salidas de las unidades puede controlarse de mejor forma.

El diseño en U también ayuda al acondicionamiento del SIPROYD y se ajusta funcionalmente al proceso futuro de ampliar la infraestructura interna y externa; ya que las condiciones de espacio se pueden aprovechar en tres ejes principales, siempre y cuando exista terreno en esas partes para poder crecer en proyecciones de tiempo o igualmente al realizar un acomodo interno que satisfaga las necesidades de la operación.

Distribución en forma lineal

Este diseño lineal deberá proporcionar dos accesos mínimos en forma, con lo cual la distribución interna es más especializada, de igual forma que en la anterior, se divide la operación en cada área. Esta opción delimita en gran medida el desarrollo de las operaciones y obliga a que los tiempos de operación sean más largos. Una ventaja es el ordenamiento interno de las áreas operativas, lo que restringe el acceso de las mercancías y permite que todo lleve una secuencia y por ende, las pérdidas o daños sean en menor cantidad.

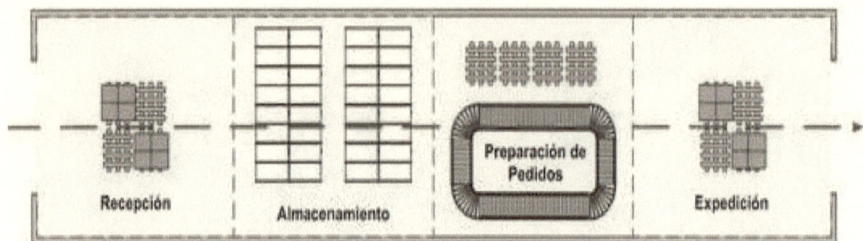

Ilustración 32 Distribución para un flujo en línea recta.

Fuente: Bryan Salazar López (2011).

Las características más importantes se derivan precisamente de esa especialización de muelles; ya que uno se puede utilizar, por ejemplo, para la recepción de productos en camiones de gran tonelaje (como los tráileres), lo que obliga a unas características especiales en la instalación. Cuando se efectúa, un reparto en plazas comerciales, lugares turísticos o de condiciones urbanas complicadas para los vehículos de grandes dimensiones se puede utilizar simplemente una plataforma de distribución para vehículos ligeros como las furgonetas. Indudablemente este sistema limita la flexibilidad, obligando a largo plazo a una división funcional tanto del personal como del equipo destinado a la carga y descarga de vehículos.

El acondicionamiento ambiental suele ser más riguroso para evitar la formación de corrientes internas.

Distribución en forma de "T"

Es un derivado del *layout* en forma de "U", se especifica una combinación así, cuando las instalaciones se ubican referentes en dos o más accesos viales que permiten generar las ubicaciones apropiadas, con esta forma se dividen la operación en recepción y expedición. En esta se puede hacer para unidades de carga de alto volumen en recepción; torton, rabón, tracto camión y en expedición se puede adaptar para unidades de menor volumen, camionetas, unidades de 3 ½, etc.

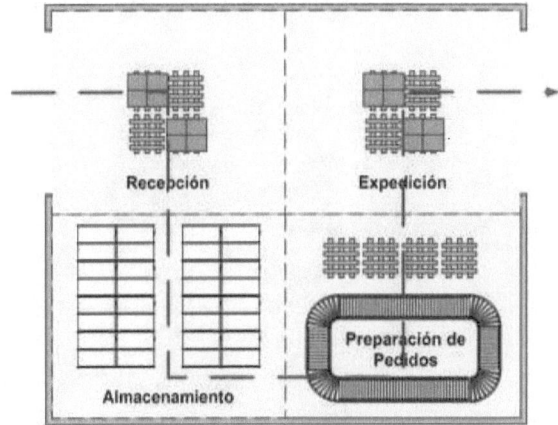

Ilustración 33 Distribución para un flujo en forma de "T"

Fuente: Bryan Salazar López (2011)

Este layout es una variante del sistema en forma de U, apropiado cuando la nave se encuentra situada entre los viales, porque permite utilizar muelles independientes.

Identificación de ubicación del SIPROYD

Otro factor a considerar dentro de un SIPROYD es el manejo interno de la información, entre mejor condicionada sea la eficiencia del flujo operativo y la información de la carga, será mejor el manejo de inventarios. Por tal motivo en un SIPROYD se tienen que identificar cada uno de los procesos identificados por el personal al momento de ingresar a las instalaciones y es fundamental para esto hacer la mejor práctica de codificación de entradas; pueden ser por medio de colores en las áreas, o simplemente con señalamientos informativos de posición.

La forma en que se estructura la codificación es elegida por cada empresa, pero ésta tiene que ser clara y precisa, para no generar confusión alguna. Dentro del área de almacén se pueden poner disposiciones eficientes de codificación, que faciliten la operación, las cuales pueden ser de estantería o de pasillo e identifican la siguiente estructura:

Codificación por estantería

Cada estante deberá de ser proporcional, deberá de integrarse una codificación relativamente igual en cada uno de los estantes o racks, la numeración se realizará en cada stand, definiendo el patrón que más convenga. También se tiene que realizar una codificación en base a la altura, comenzando con el nivel más bajo y hasta el más alto, como se muestran en la siguiente imagen.

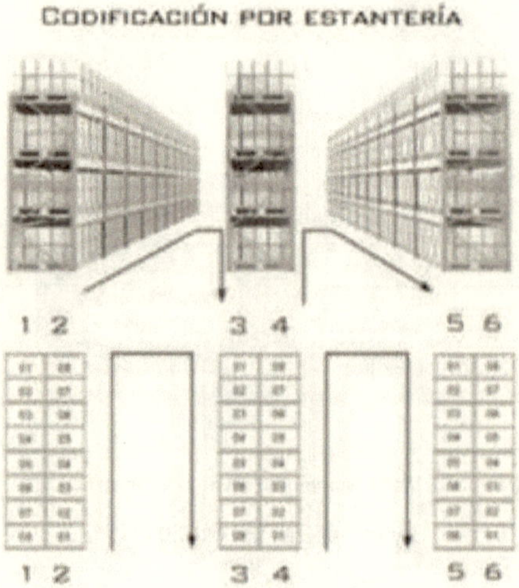

Ilustración 34 Codificación por estantería

Fuente: Bryan Salazar López (2011).

Codificación por pasillo

Al igual que el anterior, se tiene que realizar la codificación, pero aquí es por pasillo, con numeración consecutiva. Se deberán de asignar numeración de abajo hacia arriba, asignando numeración impar a la izquierda y pares a la derecha; se comienza de los extremos hacia el otro pasillo.

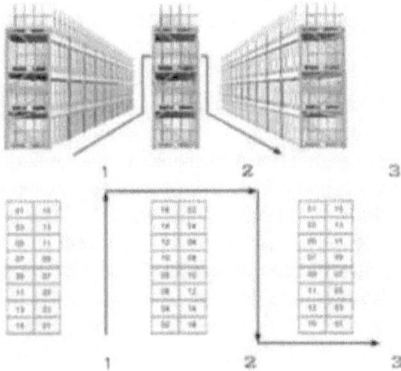

Ilustración 35 Codificación por pasillo

Fuente: Bryan Salazar López (2011).

Recuerda que los *racks* o dispositivos de resguardo de la mercancía para la operación dependen de las características de la mercancía y que ésta se diseña en base a sus necesidades.

Autoevaluación.

Evidencia de aprendizaje. Diseño de un SIPROYD. Parte 1

¡Es el momento de aplicar todo lo aprendido!

Selecciona una empresa, que de acuerdo a su estructura cuente con un SIPROYD y elige 10 productos o mercancías que se manejen dentro de sus instalaciones.

1.- Describe los procesos operativos y administrativos que se llevan a cabo dentro del SIPROYD.
2.- Identifica en los procesos operativos y administrativos, los lineamientos de la empresa. (Objetivos, leyes o normas y políticas), específicamente de las siguientes áreas:

* Patios
* Recibo
* Embarque
* *Picking* o de preparación de pedidos
* Tráfico

3.- Elabora un esquema en el formato que más se te facilite, haciendo el trazado del diseño de un layout, de las áreas externas e internas, que se describen anteriormente y especifica en tu dibujo los flujos que tomarán los productos en la instalación del SIPROYD que seleccionaste.

Cierre del Capitulo

Dentro de esta primera unidad, tuviste un acercamiento a la asignatura a través de la revisión del procedimiento que se lleva a cabo en las áreas operativas y administrativas de un Sistema producción - distribución (SIPROYD), de manera general abordaste temas específicos sobre las condiciones de las áreas de recibo, almacén, *picking* y recibo. Además recuerda que la logística operativa cambia de acuerdo con el tipo de mercancía que se mueve dentro de un SIPROYD y la cual comercializa cada una de estas empresas, y por lo tanto es necesario que comprendas los actores que involucran cada una de las áreas para entender la lógica en el diseño de un SIPROYD.

Por otro lado las políticas que existen en las empresas que cuentan con un SIPROYD, son basadas en las especificaciones propias de cada tipo de producto, y son un parámetro que debes considerar en el diseño del mismo, porque los procesos y la infraestructura del SIPROYD se adaptan a las necesidades y mejores prácticas.

Otro aspecto relevante para tu aprendizaje es ubicar las tecnologías de comunicación e información que se utilizan en estos procesos, así como la importancia de una buena distribución de recursos dentro de las instalaciones.

Es por esto que al realizar un *layout* de las áreas internas y externas, facilitan la interpretación de acomodo de las áreas operativas para garantizar un flujo representativo y en este hacer modificaciones en base a las necesidades, siendo esto una garantía para la realización de un buen SIPROYD.

Del estudio de los temas anteriores se cuenta con bases para el diseña, el *layout* de un SIPROYD, los procesos operativos y administrativos que intervienen en un CIPROYD, en el capítulo 2, se estudiara la toma de decisiones, en cuanto a la selección geográfica (Location) para la ubicación de un SIPROYD.

Para saber más

Con la finalidad de ampliar los conocimientos sobre los temas abordados en este primer capítulo es recomendable el estudio de lo siguiente:

•   Torres, A. (2010). *Caso de Éxito del Warehouse Management System DLx WMS* [Archivo de video]. Disponible en: http://www.youtube.com/watch?v=693H_8BDFas

En este video se observa una nueva forma de trabajar, para asumir con éxito los desafíos que el mercado exige, se nota un eficiente control de inventarios en un SIPROYD, promoviendo la mejora continua de los procesos de distribución.

- Bastidas, E. (s.f.). *Énfasis en logística y Cadena de Abastecimiento.*
Disponible en: http://ingenierosindustriales.jimdo.com/

En esta página web podrás conocer las aplicaciones de tecnologías en un SIPROYD ò en la logística de manera general, ya que Edwin Bastidas y un grupo de ingenieros abordan diversos temas sobre la cadena de abastecimiento y la logística operacional.

Fuentes de consulta de la unidad

Básica
- Anaya, J. (2007). *Logística integral, la gestión operativa de la empresa.* Madrid: Esic.
- Ballou, R. (2004). *Logística. Administración de la cadena de suministro.* México: Pearson-Prentice Hall.
- Labastida, J. (2010). *Estudio y análisis de los procesos de Picking. Puesta en marcha de sistemas de picking voz y pick to Light.* Ingeniería de diseño y fabricación.
- Mora, L.A. (2011). *Gestión logística en sistema de producción – distribución y almacenes y bodegas.* Colombia: Ecoe.

Complementaria

- Logismarket. (2013). *Estibador eléctrico de trabajo pesado con operador a pie.* Disponible en: http://www.logismarket.com.mx/momatt/estibador-electrico-de-trabajopesado-con-operador-a-pie/1244230688-1179565823-p.html

- *Benchmarking.* (2010). En Wikipedia, la enciclopedia libre. Consultado el 05 de mayo de 2013. Disponible en: http://es.wikipedia.org/wiki/Benchmarking

Capítulo 2. Análisis geográfico del sistema producción-distribución

Presentación del Capítulo.

El análisis geográfico son los procesos, observaciones y evaluaciones que condicionan las bases para determinar una ubicación y selección de un SIPROYD.

En este capítulo se exponen herramientas para determinar la ubicación de un SIPROYD, considerando diferentes alternativas para la selección más adecuada, de esta elección depende que la ubicación sea más eficiente en cuanto a la operación, para apoyar una mejor inversión, además de integrar las formas de zonificación de territorios geoespaciales y el análisis de accesibilidad y conectividad.

Propósito

El propósito de este segundo capítulo es obtener la información necesaria para poder hacer un análisis geoespacial sustentable, también entender la importancia de la ubicación de un SIPROYD y las políticas a seguir, así como la metodología para la selección de la localización de tu proyecto.

Objetivo especifico

Determinar las características geoespaciales de diferentes localidades planteadas, para establecer una propuesta de ubicación física de un SIPROYD, mediante la aplicación de modelos de selección georreferenciada.

2.1. Viabilidad de la zona geográfica.

Para poder determinar la ubicación más adecuada para el desarrollo de la infraestructura de un SIPROYD, se debe efectuar un análisis geoespacial. El análisis nos ayudará a determinar los puntos favorables y las desventajas de construir la instalación en alguna zona.

Las variables para evaluar las distintas alternativas para la ubicación de un SIPROYD son: los indicadores geoespaciales característicos de la locación.

La información de base para el análisis geoespacial está disponible en la página electrónica del INEGI que es el fundamento para poder llevar a cabo el análisis geoespacial del SIPROyD.

2.1.1. Análisis de indicadores socioeconómicos.

Cuando se diseñan proyectos de ingeniería, es importante considerar las evaluaciones técnicas, financieras y de mercado, ya que normalmente, son las que determinan el rumbo en la toma de decisiones para implementar un proyecto, sin embargo el análisis estadístico reflejan el comportamiento en un horizonte de inversión de variables económicas y financieras tales como el PIB, la devaluación, las tasas de interés, etcétera.

Si habláramos sobre el Producto Interno Bruto (PIB) en la participación de los proyectos, debemos entender primero qué es y para qué nos serviría.

El **PIB**, de acuerdo a Krugman (2007), se interpreta como el valor total producido en un país por concepto de bienes y servicios en un periodo de tiempo (un año), siendo dos motivos los causantes de su crecimiento: que en el país se esté produciendo más y/o que haya alza en los precios de los dos parámetros (bienes y servicios). Mientras que la devaluación la podemos ver como la pérdida del valor de la moneda de un país comparada con las monedas de otras regiones. Otro elemento importante son las **tasas de interés**, que se refiere al pago por el servicio del préstamo, o sea es decir, cuánto le vas a pagar a la persona física o moral por proporcionarte un préstamo.

Seguramente te preguntarás: ¿de qué forma intervienen los indicadores en la planeación y desarrollo de un proyecto? y ¿cómo interpretar los indicadores socioeconómicos en un proyecto donde se diseñará un Sistema producción - distribución?

Para contestar estos cuestionamientos es importante visualizar cómo impactaría cada indicador en las investigaciones, diseños y en la misma operación del SIPROYD.

Los **indicadores socioeconómicos** son un dato estadístico que te proporciona un panorama de la situación que vive una localidad sobre un tema específico; también brinda la unidad de medida para su interpretación. Un indicador por sí sólo no proporciona gran información. La interpretación se realiza con base en su comparación, ya sea por evolución del número a través del tiempo, o por comparación con otros agentes similares. La intención es analizar cómo se va trazando el rumbo del proyecto a través del indicador analizado (háblese de que se analicen indicadores de temas económicos, sociales, políticos, demográficos u operativos).

Por ejemplo, en cuanto al **índice de ventas** al menudeo de algún producto en particular, si tuviéramos sólo el número de este año no podríamos interpretar algo significativo, pero si obtuviéramos el de varios periodos, podríamos analizar el comportamiento de las ventas por periodo y mejor aún, aplicarlo a nuestro diseño, pues tendríamos un parámetro de las variaciones de la demanda, y podríamos seccionar el indicador tal como está segmentado nuestro mercado, esto nos daría una idea bastante clara del volumen de mercancía que podríamos mover por periodo y por año, lo que nos ayudaría a realizar un cálculo de la oferta estimada mínima y máxima para la instalación.

Otro ejemplo es la **población económicamente activa**. Si la combinamos con el índice de población ocupada por sector de actividad económica, obtenemos un panorama sobre la mano de obra por cada localidad propuesta para ubicar al SIPROYD, además de observar cuáles son las empresas que proporcionan empleo en la región. Si nos preguntáramos: ¿por qué es importante saber qué sectores son los que proporcionan empleo a los ciudadanos? La respuesta sería: porque así podemos evaluar si los puestos que necesitan cierto grado de experiencia los podemos obtener de la región, o sería necesario trasladarla de otros estados. Recuerda que el sector en el que participa la empresa es la que forma los talentos para la contratación en puestos clave.

Pensemos en otro elemento importante para la locación del SIPROYD, **el uso de suelo**, que nos dará un panorama de las posibles restricciones; recordemos lo que ha pasado en diferentes proyectos donde la construcción de centros comerciales e infraestructura logística han sido cancelados por que las ubicaciones se encuentran en áreas arqueológicas o en áreas protegidas para conservación del medio ambiente como bosques, especies en peligro de extinción, o litorales. Cada uno de estos aspectos es importante cuidarlos pues son vitales para llevar a cabo la construcción del SIPROYD y para generar oportunidades de negocio en el lugar donde se llevará a cabo el proyecto.

Tenemos que tomar en cuenta que para vender un proyecto también se debe de incidir en el impacto social del proyecto en la población; por ejemplo, los indicadores de **pobreza, calidad de vida, educación y medio ambiente** serán determinantes para conseguir los permisos de construcción así como agilizar algunas gestiones administrativas ante los gobiernos municipales, estatales y/o federal.

Estos **indicadores sociales** también son impactados por la puesta en marcha de los negocios pero debemos visualizar cómo podemos reflejar su impacto. Por ejemplo, si analizamos el índice de pobreza, tendremos un punto de partida para poder comparar las diferencias que existen entre las poblaciones que cuentan con este tipo de empresas en sus localidades y aquellas que no. Muy probablemente encontraremos un mayor índice en donde hacen falta fuentes de empleo. Si comenzáramos a desarrollar el proyecto de construcción de un SIPROYD en determinada área geográfica, se tendría que empezar a contratar empresas constructoras locales y se buscaría la mano de obra que se extraería de la misma población; esto disminuiría el índice de desempleo y ayudaría a reducir los indicadores de pobreza.

Recuerda que los proyectos implican la participación tanto de los inversionistas como también del gobierno y de la población, por ello el estudio socioeconómico de las regiones son un punto importante para poder vender la idea y aumentar las posibilidades de aceptación de cada uno de los agentes que intervienen en la decisión. Como en el proyecto nos interesa analizar el comportamiento económico en el corto y mediano plazo de las diferentes regiones, segmentaremos los temas que impactarán en la planeación y puesta en marcha del SIPROYD y que te servirán para poder integrar más indicadores a tu proyecto:

1. Producción y empleo

    a. Índice de variación de Producto interno bruto (PIB): este comparativo nos permitirá saber si el nivel de ingresos de la población puede subir o disminuir en diferentes periodos de tiempo, lo que nos permite tener un estimado de la confiabilidad de la Tasa Interna de Retorno (TIR) en cualquier proyecto, además, al identificar el sector productivo, podemos proyectar en el diseño de la infraestructura su ampliación, si se observa que el sector va en crecimiento.

b. Tasa de desempleo: En este indicador encontramos distintos valores que en nuestro país se dan y estimaciones para la población económicamente activa en dos diferentes rubros: la que está empleada y la desocupada, además de su escolaridad, género, discapacidad y otra serie de datos que permitirían proyectar las condiciones económicas y la totalidad de la oferta de trabajo que se proporcionará en la región.

2. Finanzas públicas

a. Gasto público: Este indicador nos dice cómo es la mecánica de la inversión que tienen los gobiernos locales, estatales y federales. Pero ¿cómo es que afecta o qué nos dice este indicador para llevar a cabo nuestro proyecto? Es fácil: no es lo mismo realizar una inversión privada en una región donde su gobierno no invierte en infraestructura, que en otras en las que sí lo hace. Si ubicamos un SIPROYD en una población donde los caminos fueran de terracería y poco transitables y la mejora a las vías de comunicación se observaran lejanas, no sería viable, pues estas circunstancias no sólo implican retrasos en las operaciones por demoras de nuestros proveedores, sino también costos por inversión en infraestructura que la misma empresa tendría que cubrir. Para darte una idea de lo que implicaría contesta la siguiente pregunta: ¿qué costos se elevarían en la empresa y sus proveedores de servicios de transporte, en la temporada de lluvia en caminos de terracería y poco transitables?

b. Ingresos fiscales: Este indicador nos da un panorama de los conceptos por los cuales el gobierno tiene ingresos; lo que nos interesa es la parte de los impuestos, ya que éste es un gasto importante y que impactaría en la rentabilidad de la construcción y de la operación del negocio.

3. Precios y tasas de interés

a. Tasa de inflación: Que es la variación porcentual del índice de precios al consumidor que nos ayudará a estimar los costos por construcción (índice de precios de construcción) y la operación del SIPROYD. Este indicador lo podemos obtener anual o mensualmente y por sector industrial para poder realizar un análisis más detallado.

b. Tasa de interés: Que es el porcentaje que se cobra sobre el dinero que se pide prestado; recordemos que existe una tasa variable (que implica que el prestamista sube o baja el porcentaje que cobra por el préstamo de acuerdo a sus intereses) y la tasa fija (que es el porcentaje establecido al principio del préstamo y el cual no se mueve en el periodo pactado para el pago de la totalidad), tenemos que tener en cuenta que para llevar a cabo el proyecto es necesario financiamiento.

Consulta la página del Instituto Nacional de Estadística y Geografía, INEGI, y revisa los diferentes indicadores existentes para los temas económicos, demográficos, sociales, ambientales, etc., que ayuden en el análisis del proyecto.

2.1.2. Sistemas de información geográfica.

En la planeación de proyectos de infraestructura es importante realizar las valoraciones técnicas y económicas, pero además el integrar las variables sociales, culturales, ambientales y del estado físico del terreno donde se quiere colocar la instalación. Para poder realizar esto con más efectividad y para tener menos incertidumbre en la puesta en marcha de los proyectos, la aplicación de la tecnología en los últimos años ha sido fundamental.

Una de las tecnologías desarrolladas para apoyar los estudios, es el Sistema de Información Geográfica (SIG). Se define como un conjunto de herramientas dirigidas al manejo de la información georreferenciada y al análisis espacial de las variables, un SIG es el procedimiento para la captura, almacenaje, análisis y distribución de datos geográficos (físicos y humanos) en tiempo real.

Se debe tener como referencia la información respecto al volumen, frecuencia, origen y destino de los productos que ingresaran y saldrán del SIPROYD, con esto seleccionamos los indicadores socioeconómicos y la información cartográfica necesaria para la locación en estudio.

Ejemplo, se requiere determinar la locación de un SIPROYD para una empresa que se dedica a comercializar 64 productos perecederos diferentes, provenientes de cinco estados del sur del país y cinco estados del noreste; la dispersión de sus clientes se encuentran en la zona centro del país. Esta situación lleva a los directivos a invertir en la ubicación y construcción de un SIPROYD que mejore la distribución física de la mercancía y disminuya los costos.

Tomando en cuenta que son 64 distintos productos debemos considerar quiénes y donde se ubican los proveedores. Debido a que están situados en el norte y sur del país, y nuestros clientes en el centro, debemos analizar la conectividad y la accesibilidad que cada uno de ellos tendría para cumplir con los tiempos de entrega establecidos, con esta información iniciamos la captura y clasificación de la información para poder desarrollar un análisis geográfico, que permita determinar la viabilidad de la ubicación del SIPROYD.

Una primera posibilidad es la zona centro, en un punto medio entre los proveedores (origen) y el mercado (destino), ¿cómo definir la localidad ideal considerando que dentro de los estados hay muchos municipios?, ¿Cómo determinar la localidad para la construcción?

Para valorar la ubicación de las instalaciones las variables son:

1. **Mano de obra disponible, escolaridad y diversidad de género**: En este punto se deben analizar las características de la población, debido a que, para poder llevar a

cabo las operaciones, se requiere de mano de obra para los distintos niveles jerárquicos dentro del SIPROYD.

2. **Productores, proveedores de productos y servicios**: El análisis de este parámetro permitirá que la ubicación de la instalación asegure la entrega a tiempo de los productos de los proveedores y genere certidumbre dentro de los procesos que se llevan a cabo.

3. **Mapas de caminos, carreteras, autopistas federales, estatales y municipales:** Este es un factor muy importante ya que la accesibilidad al SIPROYD determina en gran medida el cumplimiento del plan de operación de la empresa, Considera que los tiempos de tránsito, maniobra y salida de unidades genera grandes demoras, por ello la conectividad a los proveedores y al mercado determina en gran medida la eficiencia del Sistema producción - distribución.

4. **Mapas de vías férreas, puertos, terminales multimodales e intermodales:** En algunos casos donde los sistema de producción – distribución son parte de una red logística internacional, la conectividad a los mercados y proveedores internacionales son la esencia del negocio, por lo cual sus operaciones deberán estar interconectadas con la infraestructura del transporte de sus proveedores de este servicio.

5. **Mercados**: Cuando se diseña un Sistema producción - distribución se hace con base en las necesidades que determinan los clientes, pero también se toman en cuenta las predicciones de crecimiento, considerando la ubicación de los consumidores potenciales que son una oportunidad para que la Tasa Interna de Retorno sea más aceptable para los inversionistas.

6. **Competencia directa e indirecta:** Otro factor que determina la ubicación del SIPROYD son las estrategias de competitividad, pues en algunos casos las empresas prefieren estar cerca de sus competidores directos ya que los servicios públicos, de conectividad y oportunidades de negocio son más visibles de esta forma.

7. **Productos o servicios (el que ofrece la empresa):** Es importante conocer los indicadores económicos respecto a los productos que se comercializarán para identificar las oportunidades de éxito y las estrategias de comercialización más adecuadas para que nuestra nueva instalación sea rentable.

8. **Mapas de relieve:** Es importante analizar el suelo del terreno propuesto para la construcción, pues si el camino para llegar a él está en una zona montañosa, la condición física del terreno será un obstáculo para la accesibilidad a las instalaciones además de que implicarían no sólo retrasos en tiempo si no una mayor inversión por las características propias de la infraestructura.

9. **Hidrografía:** Para esta parte se recopilan toda la información referente al clima (temperatura, humedad y viento), precipitaciones, caudales naturales, nivel de las corrientes en temporadas de lluvia y sequía, y otros parámetros que dependen del enfoque del proyecto. Es necesario que la información sea histórica y brinde los parámetros suficientes de comparación y de proyección de eventos naturales como inundaciones, deslaves y hundimientos.

10. **Segmentación de uso de suelo:** Es importante tener información de las diferentes formas en que se aprovecha el territorio donde se pretende realizar el proyecto; para esto se debe de ingresar al SIG esta información clasificada por actividad industrial y empresarial, zonas protegidas, valor del terreno, y compararlo con las zonas donde están localizados los proveedores y sus precios (transporte, materias primas, producto

terminado y semiterminado) así como con los clientes y lo que están dispuestos a pagar por el servicio o producto.

11. **Segmentación de flora y fauna:** Cuando se realizan obras de infraestructura se cambia el estado físico geográfico y se interviene de manera directa en el deterioro de la flora y de la fauna. Hoy en día existen muchas leyes que tienen como fin proteger la diversidad biológica y el peligro de extinción en que se encuentran diferentes especies. Esto se debe considerar en la elección de la ubicación del SIPROYD, si en el proyecto contamos con ubicaciones que se encuentran en zonas protegidas, serán complicadas las gestiones de compra y de los permisos para la construcción y operación de la empresa.

Éstas son algunas de las variables principales que se deben ingresar al SIG, para el estudio de las propuestas de ubicación, existen otras que determinan en función del alcance del proyecto la como la planeación a futuro sobre la ampliación de un puerto, las variaciones del nivel del mar, la altura y el nivel, el tipo de fauna marina.

Para poder representar cada uno de los datos, Según Peña (2006), una base de datos espacial significa una simplificación de la realidad, llevada a cabo con la intención de adaptar ésta a un modelo de datos. Básicamente hay dos formatos para representar los datos: el **vectorial** y el **raster**.

La siguiente figura muestra su representación:

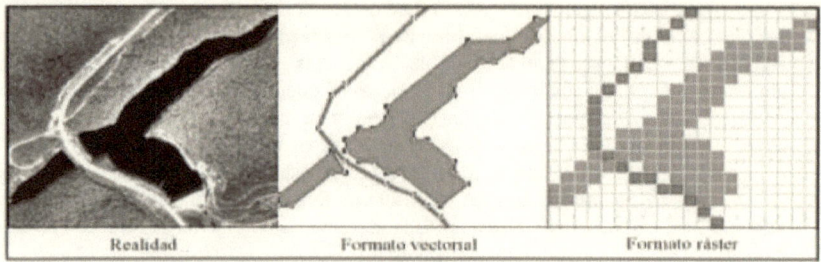

Realidad   Formato vectorial   Formato ráster

Ilustración 36 Representación de datos vectorial y raster.

Fuente: Peña (2006).

En el **modelo vectorial**, de acuerdo con Peña Llopis (2006), la realidad se divide en objetos discretos (puntos, líneas y polígonos) a los cuales se asignan diferentes propiedades, tanto cuantitativas como cualitativas. La codificación de estos objetos se da por su posición en el espacio (para puntos y líneas) o por la posición de sus límites (para los polígonos). Al cambiar de escala, los objetos cambian muy probablemente de un tipo a otro.

En el **modelo raster,** por el contrario, se considera la realidad como un continuo basado en la variación continua, por lo que las fronteras son la excepción. La representación se lleva a cabo dividiendo ese continuo en una serie de celdillas o pixeles, y asignando a cada una un valor para cada uno de las variables consideradas. Los cambios de escala se reflejarán en el tamaño de estas celdillas.

Descarga el Manual QGIS PDCD (Novara, 2011) que se encuentra disponible en la sección Material de apoyo, para iniciar la base de datos y generar el análisis geográfico.

Para poder trabajar en un SIG se requiere estructurar y organizar los archivos en carpetas, indicadores e imágenes (mapas y ubicaciones). De acuerdo a lo que comenta Novara (2011), el sistema de coordenada más usado en el SIG, es el Universal Transverse Mercator (UTM), el cual es un sistema estándar topográfico para el intercambio de datos digitales; su unidad de medida es el metro.

Observa los siguientes videos para poder comenzar a utilizar QGIS

1. Proceso de georreferencia.		Con estos videos pretendemos realizar una georreferencia en el programa de QGIS. El video muestra paso a paso el proceso.
2. CAD y texto a QGIS.		En este video se muestra cómo integrar archivos CAD a QGIS para poder trabajarlos dentro del programa.
3. Modelos digitales de elevación.		Aquí se muestra cómo se realiza el manejo de datos *raster* en un sistema de información geográfica.
4. GPS integrado QGIS.		Se muestra cómo se integran los datos que se generaron en un GPS al sistema de información geográfica.
5. Polígonos QGIS.		Estos tutoriales te mostrarán cómo generar polígonos para zonificar espacios dentro del programa.
6. AutoCAD 2013.		Este tutorial te muestra las bases para el manejo del AutoCAD 2013.

2.1.3. Mapeo de indicadores.

Las estadísticas que nos muestran estos elementos nos ayudan a tomar decisiones en los proyectos. Además son un factor importante en la obtención de ventajas competitivas.

La integración de toda la información tanto externa como interna de la empresa permitirá una mejor gestión de cada una de las actividades y servicios ofrecidos a cada uno de los clientes, además de que éstos se enfocarán a satisfacer cada una de las necesidades individuales del mercado así como de la población en general.

El análisis de cada uno de los indicadores elegidos para el proyecto debe ser capaz de explicar si se alcanzaron o no los objetivos del proyecto, además de representar las variables importantes que expliquen los cambios del entorno; también debe quedar claro el panorama de las acciones a seguir para el cambio en los procesos, para evitar futuros errores. Asimismo es importante considerar que cada uno de los indicadores sea aplicable al giro del negocio que representa el SIPROYD.

En el mapeo de indicadores lo importante es realizar comparaciones entre diferentes localidades de tal forma que podamos visualizar las ventajas y desventajas de invertir en un lugar o en otro. Los indicadores socioeconómicos nos darán un panorama general de lo que podemos encontrar en cada una de las ubicaciones. Al mapear cada uno de los indicadores con las regiones obtendremos una base global de información estadística de las regiones estudiadas, con el fin de evaluar cada una de las características buscadas para la creación de la nueva infraestructura.

Por ejemplo, si comparas los indicadores de los siguientes estados, puedes observar grandes diferencias por la cantidad de población que tienen.

Ejemplo de comparación de indicadores

Indicador	Distrito Federal	Durango
Tasa bruta de mortalidad	5.8	5.2
Población económicamente activa	4,173,981	588,603
Conflictos de trabajo	26,453	2109
Huelgas estalladas	18	2

Tabla 3comparación de indicadores

Fuente: Basado en datos de INEGI (2011)

Si la decisión fuera definir un lugar apropiado con base en esta información, observamos que la mortalidad es más alta en el DF, al igual que la población económicamente activa, mientras que Durango tiene menos conflictos laborales. La información por sí sola nos indicaría como mejor opción el DF, pero recuerda que es necesario analizar los datos con base en la población total de la entidad.

Cuando se integran otros indicadores, el análisis se torna más complejo, pues los parámetros a considerar para la toma de decisiones se vuelven muy extensos, lo que permite visualizar de una mejor manera los aspectos externos que afectarían al proyecto.

La información para mapear los indicadores se pueden localizar en la página del INEGI. Un ejemplo es la Población Económicamente Activa (PEA), de la que se muestra la información a continuación.

Ilustración 37 Ejemplo de mapeo de la población económicamente activa (PEA) de localidades en Monterrey

Fuente: Basado en datos de (INEGI, 2013)

Actividad 1. Zona geográfica de un SIPROYD.

Esta actividad tiene la intención de analizar la zona geográfica de un SIPROYD.

1. **Ubica** tres sistemas de producción – distribución en distintos estados de la República Mexicana.

2. **Investiga** y **describe** sus características (giro de negocio al que pertenece, ubicación, proveedores importantes y el mercado que atiende).

3. **Identifica** los indicadores socioeconómicos que desde tu punto de vista son necesarios para hacer un análisis geográfico. Para ello ingresa a la página del INEGI y busca los valores que corresponden a estos indicadores, de cada uno de los estados.

4. En un mapa de carreteras, **señala** la conectividad y accesibilidad de cada SIPROYD con sus proveedores y mercado.

5. **Compara** las tres ubicaciones de los SIPROYD con base en los indicadores elegidos y explica las ventajas y desventajas que tiene cada uno.

2.2. Accesibilidad al sistema producción - distribución.

La accesibilidad de un SIPROYD está condicionada en aspectos georreferenciales, que permiten entender la ubicación o localización más correcta de las instalaciones dentro de un territorio. Los puntos son:

1. La zonificación
2. La conectividad
3. La accesibilidad

El hecho de realizar una locación para determinar la ubicación de un SIPROYD, permite definir estrategias y reducir los tiempos de entrega y minimizar los costos y maximizar los ingresos.

2.2.1. Estudios de zonificación de proveedores.

¿Qué es la zonificación?, De acuerdo con el Instituto de Investigaciones Industriales es: "La práctica de dividir una ciudad o municipio en secciones reservados para usos específicos, ya sean residenciales, comerciales e industriales. La zonificación tiene como propósito encauzar el crecimiento y desarrollo ordenado de un área. Zonificar es un poder de gobierno" (IDNDR, 1992).

Para el estudio de zonificación de SIPROYD, es necesario que comprender cada uno de los componentes geográficos del territorio nacional. Como primer punto, sabemos que existen 31 estados divididos en 2,439 municipios y 1 Distrito Federal dividido en 16 delegaciones, todo esto integra el territorio de México; cada estado es autónomo y cuenta con determinadas legislaciones, gobernantes y condiciones propias de cada región.

Las condiciones administrativas, legales y políticas son distintas, por lo tanto territorialmente se tiene que estudiar los componentes de cada uno para tomar consideraciones, es necesario el uso de equipo de georeferenciacion y topográfico como el mostrado en las figuras adjuntas, fuente colección propia (2015).

Un mapa con las delimitaciones por estado y municipio.

Ilustración 38 División política de México

Fuente: Elaboración propia con información de (INEGI, 2013)

Para poder determinar la ubicación de un SIPROYD, es necesario entender las ventajas y desventajas al construirlo en una región, considerando que es un proyecto que requiere la empresa para la funcionalidad de su logística, pero también es un proyecto que le puede interesar a las entidades de gobierno de las zonas, por lo tanto, el hecho de considerar las necesidades de crecimiento económico en la región fortalecería un vínculo estratégico en la construcción de un SIPROYD, esto es porque la integración de propuestas de empleo directo e indirecto, el pago de impuestos y otras posiciones estratégicas de activación de nuevas industrias que se pueden posicionar en la misma zona y que no se encontraban posicionadas anteriormente, incentivan las condiciones específicas en la región para la realización de una inversión en la zona.

Para esto existen factores en la zonificación: los restrictivos, que limitan la construcción de un SIPROYD en determinados terrenos por sus características naturales y físicas; y los factores a considerar para la selección de proveedores que tiene un SIPROYD. A continuación se explica cada uno de éstos.

Factores restrictivos de la zonificación

Se tienen que considerar factores naturales, físicos y patrimoniales que limitan la construcción de un SIPROYD en diferentes regiones, para lo cual, al realizar una zonificación de las áreas geográficas se tienen que considerar todas aquellas tipologías que restringen el espacio físico, por ejemplo:

A. **La topografía de la zona**: Se refiere a todos los rasgos físicos naturales de las entidades (zonas montañosas con relieve y zonas hidrológicas). El estudio de la topografía es fundamental para el diseño de un SIPROYD, porque en una zona con grandes pendientes o con una hidrografía muy densa, la construcción de la infraestructura es de mayor costo, casi tres veces más que en un terreno plano. Además, la amenaza de deslaves y otros factores naturales se puede prever buscando zonas apropiadas para la construcción de un SIPROYD.

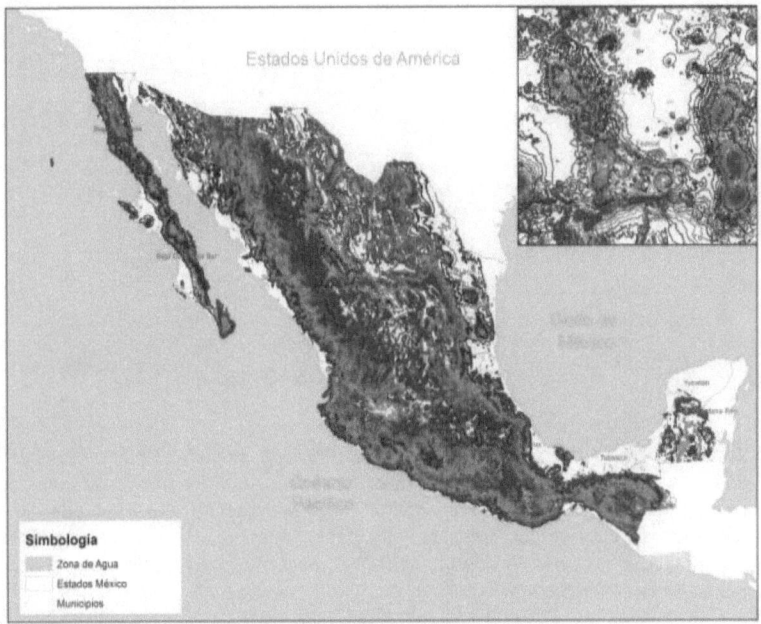

Ilustración 39 Curvas de Nivel

Fuente: Elaboración propia con información de (INEGI, 2013)

Ilustración 40 Hidrografía

Fuente: Basado en INEGI (2013)

B. **Zonas naturales protegidas**: En el territorio nacional existen 83 puntos considerados
como de protección natural; son todas aquellas áreas que los gobiernos han marcado
como zonas donde no se puede construir ninguna infraestructura física que altere las
condiciones naturales del territorio. Por lo tanto en estas zonas no se recomienda la
incorporación ni planeación de un SIPROYD; no sería un proyecto viable porque las
entidades no lo permitirían.

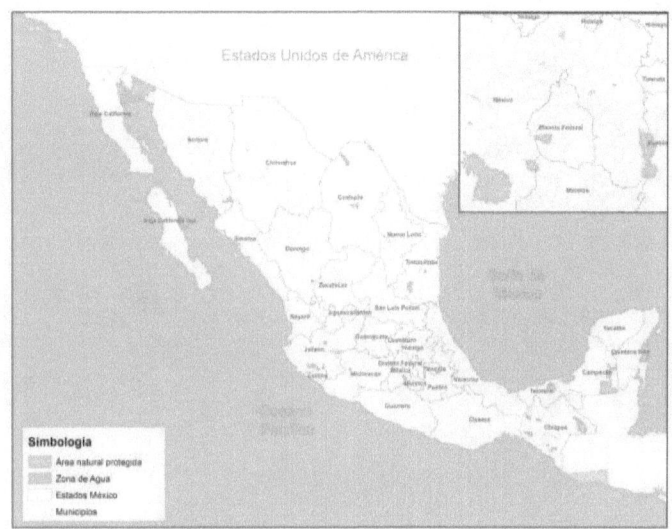

Ilustración 41 Zonas naturales protegidas

Fuente: Basado en INEGI (2013)

Como puedes observar en el mapa, hay áreas marcadas que representan los diferentes tipos de zonas de protección, las cuales a continuación se enlistan:

- Zona de protección de flora y fauna
- Parque marino nacional
- Parque nacional
- Reserva de la biósfera
- Zona de conservación ecológica

C. **Zonas de vegetación densa**: Son todas aquellas zonas naturales que presentan grandes cantidades de flora. En estas áreas ambientales no se pueden considerar construcciones de infraestructura de un SIPROYD porque son las reservas que se han dejado en las entidades; esto origina que los procedimientos de permisos tarden más tiempo de lo normal y que, en algunos casos, no se otorguen.

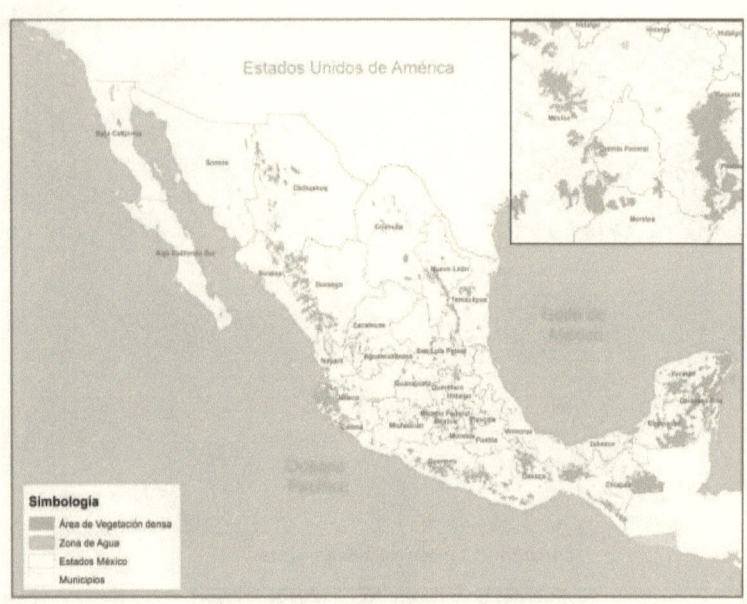

Ilustración 42 Zonas de vegetación densa

Fuente: Elaboración propia con información de (INEGI, 2013)

D. **Zona de pantanos**: En el territorio nacional existen 56 áreas pantanosas que no es recomendable considerar como puntos de ubicación de un SIPROYD, dadas las variaciones de agua que pueden sufrir en diferentes estaciones del año, ya que pueden presentarse crecimientos considerables o extinciones totales de agua, además de que ecológicamente son muchos los estudios medioambientales que piden las autoridades para hacer consideraciones en la instalación de un SIPROYD; esto representaría un costo adicional al proyecto.

Además en estos lugares, por lo general, la conectividad y la accesibilidad no están desarrolladas, la empresa tendría que solventar los costos de construcción de la comunicación del SIPROYD con las vías de comunicación existentes.

Mapa que muestra la localización de estos puntos.

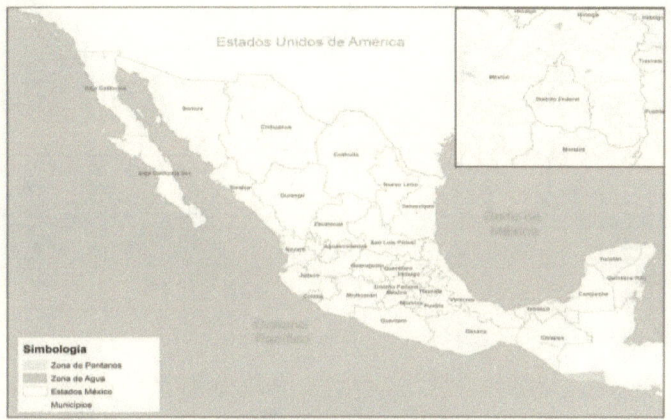

Ilustración 43 Zonas de pantanos

Fuente: Elaboración propia con información de (INEGI, 2013)

E. **Zonas de riesgo de inundación:** Éstas son áreas naturales que en época de lluvias están condicionadas al crecimiento de agua. Por las especificaciones naturales, en estas zonas no se puede construir un SIPROYD, ya que se pueden presentar retrasos en la logística de la empresa, además que en un evento extraordinario pueden presentarse daños o pérdidas materiales provocadas por las inundaciones.

En el territorio nacional existen poco más de 405 puntos específicos donde el terreno está sujeto a inundación en alguna temporada del año y estas zonas están marcadas en el siguiente mapa muestra.

Ilustración 44 Zonas de riesgo de inundación

Fuente: Elaboración propia con información de (INEGI, 2013)

F. **Zonas arqueológicas**: Por último revisaremos las zonas arqueológicas de México. Éstas son áreas también protegidas en el territorio nacional por ser patrimonio de la nación y por lo tanto no se puede construir un SIPROYD. A continuación se presenta la ubicación de las zonas arqueológicas de México.

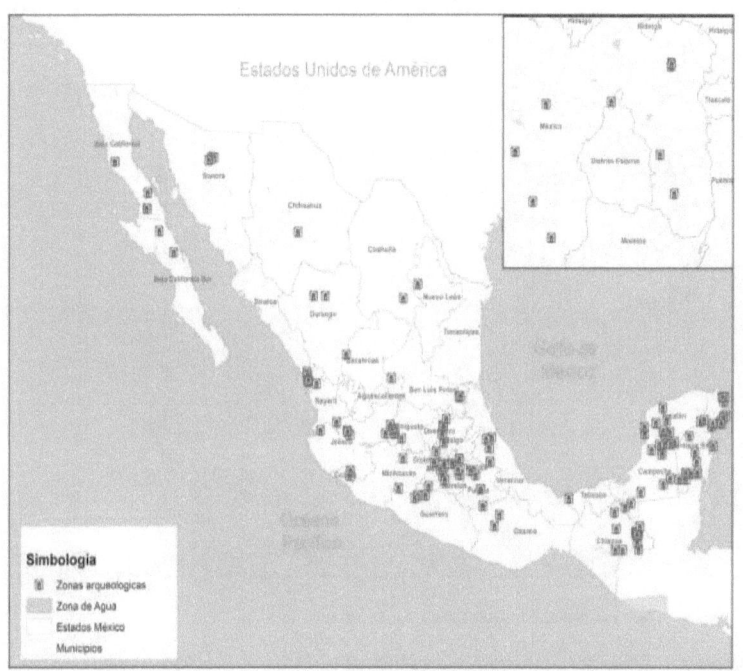

Ilustración 45 Zonas arqueológicas

Fuente: Elaboración propia con información de (INEGI, 2013)

Para realizar todos estos análisis de zonificación de las áreas de restricción, es recomendable tener un software geoestadístico con extensiones (shp). Un ejemplo es el Qgis pero si no se tiene acceso a esta herramienta, se tiene a disposición en la página del INEGI, un mapa interactivo y un programa llamado INEGI SCINCE (2010). Estos materiales te pueden ayudar a realizar muchos estudios de zonificación y además, se pueden descargar para instalarlos en tu computadora.

La idea es contar con un mapa, como el que se muestra a continuación, en donde interactúen los factores de restricción, y esto te permita visualizar claramente las zonas donde no se puede construir un SIPROYD.

Ilustración 46 Zonificación de zonas restringidas

Fuente: Elaboración propia con información de (INEGI, 2013)

Factores por considerar para la zonificación de proveedores de un SIPROYD.

Una vez que identificamos las zonas que limitan la construcción de un proyecto de ubicación de un SIPROYD, hay que integrar las áreas específicas para que un proyecto de este tamaño sea factible de implantar. Esto lo vamos a hacer integrando la zonificación de los diferentes actores que se involucran en la cadena logística de un SIPROYD, a saber:

A. **Zonas poblacionales de consumo.** En la República Mexicana existen 55 zonas importantes consideradas como zonas metropolitanas, de las cuales no toda la superficie que las conforma se encuentra urbanizada, por lo tanto, para el diseño de un SIPROYD es indispensable entender cuáles son esos focos poblados que las empresas tienen que considerar en toda la cadena logística y que son todos aquellos actores que se convierten en consumidores finales de las mercancías. Además, considera que en esas poblaciones buscaremos conseguir la mano de obra para atender las operaciones del SIPROYD; esto es determinante para garantizar el personal requerido.

Por lo complicado de las zonas urbanas y para garantizar un buen posicionamiento del SIPROYD, se recomiendan las periferias urbanas, dado que el crecimiento poblacional ocasiona niveles altos de tránsito, ocasionando que en algunas zonas urbanas se tengan restricciones de acceso para el transporte de carga de grandes volúmenes, lo que limita las operaciones logísticas de carga. A continuación puedes visualizar el mapa en donde se representan todas las zonas metropolitanas de México y además las zonas consideradas por el INEGI como urbanizables.

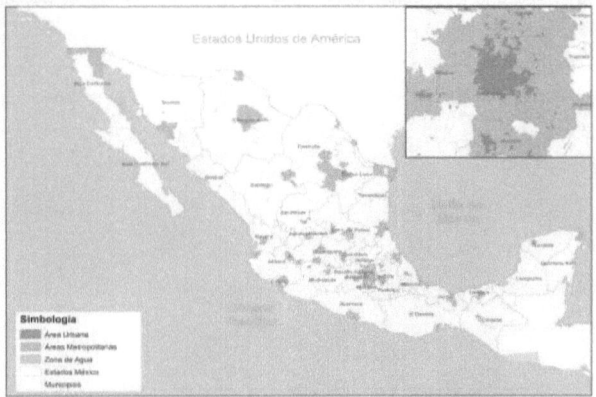

Ilustración 47 Áreas metropolitanas y urbanas de México

Fuente: Elaboración propia con información de (INEGI, 2013)

B. **Zonas industriales en la periferia.** La ubicación de las zonas industriales ayuda a posicionar al SIPROYD en un territorio capaz de integrar a los proveedores de carga que pueden estar en una determinada zona, además de ubicar los productos que son necesarios para la manipulación en la operación, esto hace más sostenible un proyecto de estas características.

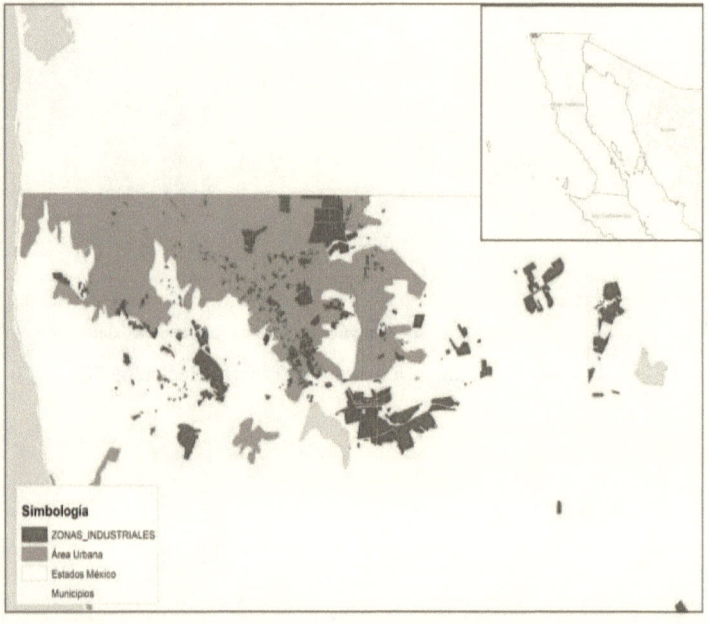

Ilustración 48 Ejemplo de mapeo de zonas industriales en el municipio de Tijuana

Fuente: (INEGI, 2013)

Para nuestro caso de un SIPROYD consideremos el siguiente ejemplo: necesitamos posicionar en Tijuana un SIPROYD que cumpla las necesidades de intercambio para nuestra empresa, considerando que nuestro giro es paquetería y mensajería. ¿Cuál sería la posición más idónea para poder consolidar la carga en base a la zonificación de proveedores, conociendo donde están las zonas industriales (proveedores potenciales) y las zonas conurbadas?

Para empezar hay que determinar el giro de la empresa (en este caso mensajería y paquetería), nuestros proveedores potenciales y nuestra cobertura de cliente. Ahora bien, el movimiento más fuerte de carga en este giro son las empresas con producto terminado denominado carga seca. La estrategia es zonificar los puntos óptimos o las opciones donde se puede adquirir un terreno, esto nos lleva a entender la posición geográfica que tendrá nuestro SIPROYD.

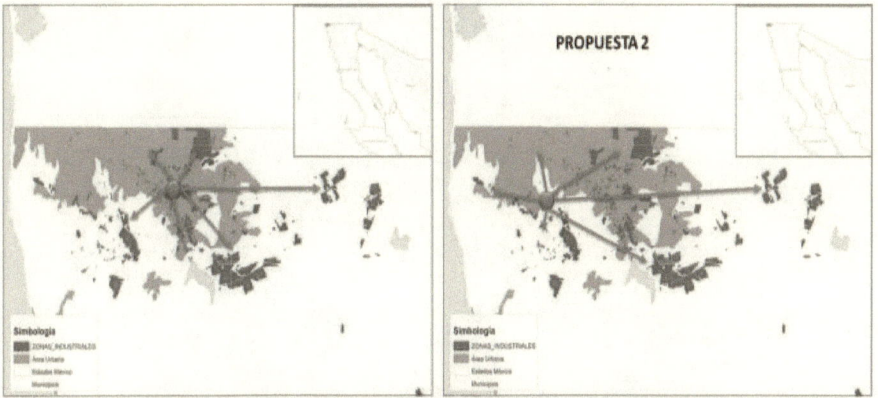

Ilustración 49 Propuestas para la zonificación de un SIPROYD

Fuente: Elaboración propia con información de (INEGI, 2013)

Como se observa, con esta zonificación podemos ubicar espacialmente dónde estamos posicionados, y comenzar a tener elementos para tomar decisiones en cuanto a la ubicación de un SIPROYD. Sin embargo, en los siguientes temas encontrarás posiciones en concreto que te ayudarán a definir de forma más precisa la ubicación espacial que necesita tu empresa para posicionar una infraestructura de gran tamaño.

C. Zonas de Comercio:

Ubicar las zonas comerciales en el territorio implica un análisis de zonificación del mercado que garantiza la ubicación de los clientes minoristas o mayoristas posicionados para atender al cliente final.

La zonificación de proveedores es necesaria para conocer las reales necesidades al momento de seleccionar una región para la ubicación de un SIPROYD, garantizando un buen análisis de estrategias funcionales y complementando las zonas restrictivas.

Ilustración 50 Ejemplo de mapeo de zonas comerciales en el estado de Aguascalientes

Fuente: Elaboración propia con información de (INEGI, 2013)

Esta zonificación de clientes potenciales es necesaria porque, dependiendo del giro de la empresa, busca especificar los puntos óptimos de venta y que éstos se vean reflejados en las posiciones estratégicas de ubicación de nuestro SIPROYD, y que apoyan toda la cadena logística de cada industria.

2.2.2. Análisis de conectividad.

En el ámbito de la estructura de un SIPROYD la conectividad es la unión, o la interrelación, o el enlace que existe entre el sistema producción - distribución y un territorio en específico, por medio del transporte y a través de las vías de comunicación existentes en el entorno geográfico. Estas vías de comunicación interactúan para formar una base de infraestructura que hace posible que el transporte comunique las distintas zonas de actividad, servicios, población, etc. para nuestro caso, son todas aquellas redes de estructura que sirven para comunicar los servicios naturales de un sistema producción - distribución y que enlazan a éste con las principales zonas de actividad económica de proveedores, tiendas mayoristas o minoristas y todos aquellos actores que se mueven en la logística de transportación del SIPROYD.

Por esto, hablar de conectividad implica conocer las vías de comunicación más importantes en cada uno de los modos de transporte, ya que la correcta comunicación de la infraestructura, marca la pauta para realizar un análisis de conectividad acorde a las necesidades de las empresas y que es una parte fundamental para la selección de la ubicación geográfica.

Por lo tanto se explican enseguida las comunicaciones que tienen que considerarse para la ubicación de un SIPROYD, tomando en cuenta las necesidades de cada empresa y del tipo de producto que se maneje, y que tienen que ver con los cuatro modos de transporte:

1. **Conectividad de la Red Carretera.**

En el sistema de comunicación de carreteras en México, se tienen construidos poco más de 136,780 kilómetros de carreteras, clasificados con base en la administración de recursos que ejercen los actores principales (federales, estatales, municipales y particulares). En este tipo de comunicación predominan las vías estatales con casi el 54.4% del total de carreteras, seguido por las carreteras federales con el 36.1%. En tercer lugar están las carreteras municipales con un 9.4% y por último, con el 0.01%, las particulares.

De la red carretera anterior, se tienen información por parte de la (SCT, Secretaria de Comunicaciones y Transportes, 2012), que indica las vías de comunicación más importantes; éstas están constituidas por los 14 corredores troncales que comunican las diferentes zonas económicas importantes de los estados en el territorio nacional. Estas vías son de altas especificaciones aptas para el tránsito de carga y recorren las poblaciones más importantes en las que se concentra la mayoría de las actividades económicas. Para un SIPROYD, es importante comunicarse con estos corredores, dado que son las vías principales. Entre más alejado este el SIPROYD de un corredor troncal, los tiempos de recorrido en entradas o salidas pueden ser mayores, lo que delimita las actividades logísticas de las empresas. A continuación se presentan los trazados de los corredores troncales:

Ilustración 51 Mapa de los corredores troncales que conforman el territorio Nacional

Fuente: Atlas interactivo de la Secretaria de Comunicaciones y Transportes (SCT, Atlas, 2011)

Para tener acceso a estos mapas se te recomienda que instales el Atlas interactivo de la SCT y que lo utilices, tanto para la conectividad como para la accesibilidad del territorio nacional. Se agrega el archivo para instalar la herramienta mencionada.

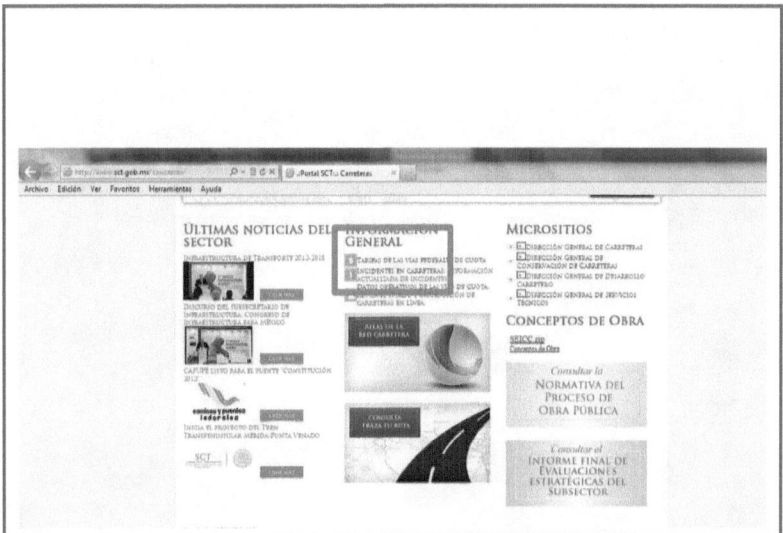

Ilustración 52 Atlas interactivo de la SCT

Por otro lado, para entender la importancia de la conectividad de un SIPROYD con los principales actores operativos de la logística de cada empresa, se tiene que comprender la existencia de las carreteras básicas y secundarias que pueden ser opciones para la comunicación y el criterio para la ubicación de un SIPROYD, esto es porque si ya sabemos hasta este punto dónde está la zonificación de proveedores, las zonas urbanas de población donde se da la principal actividad económica de los estados de la República Mexicana y además conocemos las zonas de comercio donde se puede presentar la mayor comunicación de las actividades logísticas de cada empresa, esto conlleva a entender y establecer un criterio más para la selección u ubicación de nuestro SIPROYD.

El trazado de las vías básicas y secundarias que comunican a México es útil para definir las rutas de comercio:

Ilustración 53 Mapa de la red carretera básica y secundaria del territorio Nacional Ver en el ACM 2011

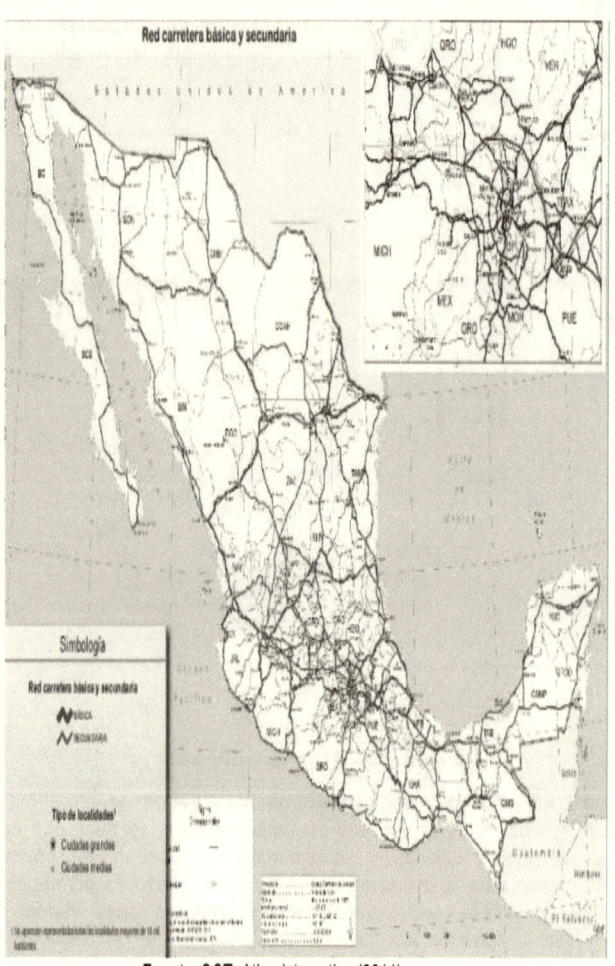

Fuente: SCT, Atlas interactivo (2011)

La conectividad carretera para un SIPROYD es considerada la actividad más importante en las operaciones, por tal motivo es vital entender cada una de las regiones que enlazan, ver si la accesibilidad es vasta, entendiendo esto como la infraestructura que puede solucionar los accesos de la logística operativa, tales como los libramientos, las autopistas de cuota, la capacidad de carriles, etc. En el siguiente tema abordaremos las consideraciones de accesibilidad que se tienen que entender para el funcionamiento del sistema carretero nacional.

2. **Conectividad de la red ferroviaria.**

La conectividad ferroviaria en un SIPROYD es de menor proporción que la del sistema carretero considerando los costos de inversión que existen en la construcción de un sistema de este tipo, además de la forma de conectar a este sistema con los principales operadores ferroviarios. Para la construcción de un sistema dentro de un SIPROYD se tiene que considerar una espuela de vía ferroviaria dentro de éste, esto es para poder garantizar una operación eficiente y no generar costos adicionales en la transportación.

Por lo tanto, es necesario saber cuál es la conectividad en el territorio nacional mediante el transporte ferroviario. En principio, en México existen poco más de 20,702 Km de vías ferroviarias que enlazan zonas importantes del territorio nacional.

La operación, mantenimiento y explotación de la red ferroviaria está en función de la concesión a seis empresas y la asignación a dos empresas más. Se explican en la siguiente tabla:

TIPO	Empresas	Vías Concesionadas	Troncales y Ramales	
			Kms.	%
Concesionadas	Kansas City Southern de México, S. de C.V. Antes (TFM)	Noreste	4,283	21
	Ferrocarril Mexicano, S.A. de C.V	Pacífico Norte	7,164	35
		Línea Corta OjinagaTopolobampo	943	5
		Vía Nacozari	320	2
	Ferrosur, S.A. de C.V	Sureste	1,479	7
		Oaxaca y Sur	475	2
	Línea Coahuila Durango S.A. de C.V.	Coahuila-Durango	974	5
	Bajo Responsabilidad del FIT en forma temporal	Chiapas Mayab	1,550	8

	Ferrocarril y Terminal del Valle de México, S.A. de C.V.	Vía Ferroviaria del Valle de México	297	1
Asignatarias	Ferrocarril del Istmo de Tehuantepec, S.A. de C.V.	Medias Aguas Salina Cruz	222	1
	Administradora de la Vía Corta Tijuana-Tecate	Vía Corta Tijuana Tecate	71	0
	Subtotal de vías concesionadas		17,779	86
	Líneas remanentes		2,924	14
	Total Troncales y Ramales		20,702	100

Tabla 4 operadores ferroviario en el territorio Nacional

Fuente: (SCT, Dirección General de Transporte Ferroviario y Multimodal, 2010)

Para nuestro caso, como ya se ha mencionado, se debe de saber qué vías ferroviarias son operadas por cuál empresa, con la finalidad de conocer el medio y la conectividad estratégica que se obtiene dentro del territorio nacional y dónde se quiere ubicar el SIPROYD, dado que la conectividad de cada empresa prestadora del servicio ferroviario estaría condicionada a la concesión o derecho de paso de cada operador y el saber la ubicación de cada uno facilitaría la operatividad logística del SIPROYD con la cadena logística y se tendrían que hacer las negociaciones para poder prestar el servicio de forma eficiente, ubicando la zona de conectividad que se adecue a las necesidades de cada empresa y cuidando que no afecte la operación en el SIPROYD.

Mapa con la posición que tiene cada operador ferroviario en el territorio nacional.

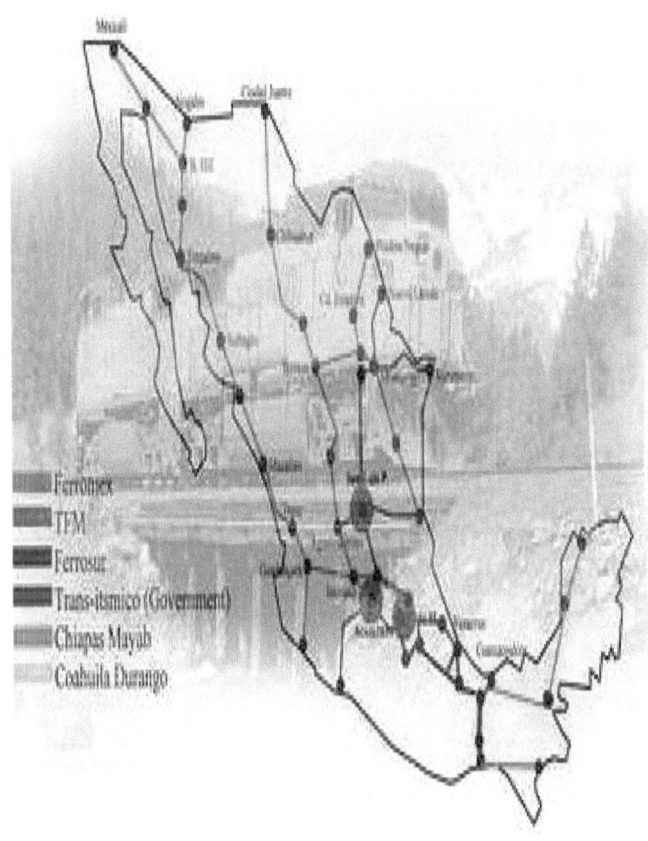

Ilustración 54 Operadores ferroviarios en el territorio nacional

Fuente: (Transporte, Imagen, 2009)

3. Conectividad aérea.

Es usual la integración de un SIPROYD en un aeropuerto, en específico empresas de paquetería como Estafeta, DHL y UPS, entre otras, buscan posicionarse en estas zonas, para facilitar la operación de transportación aérea, por lo tanto es indispensable seleccionar un aeropuerto de acuerdo a las condiciones de servicio que ofrece y a su carácter nacional o internacional. En la actualidad existen 85 aeropuertos de los cuales 60 son internacionales y 25 nacionales. A continuación se ubican para su mejor comprensión.

Sistema aeroportuario del territorio nacional

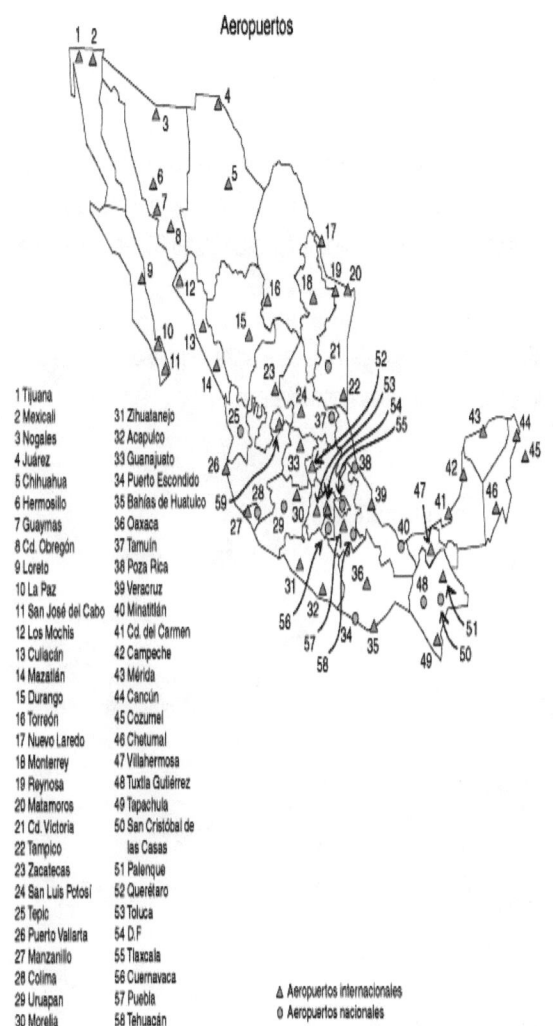

Aeropuertos

1 Tijuana
2 Mexicali
3 Nogales
4 Juárez
5 Chihuahua
6 Hermosillo
7 Guaymas
8 Cd. Obregón
9 Loreto
10 La Paz
11 San José del Cabo
12 Los Mochis
13 Culiacán
14 Mazatlán
15 Durango
16 Torreón
17 Nuevo Laredo
18 Monterrey
19 Reynosa
20 Matamoros
21 Cd. Victoria
22 Tampico
23 Zacatecas
24 San Luis Potosí
25 Tepic
26 Puerto Vallarta
27 Manzanillo
28 Colima
29 Uruapan
30 Morelia

31 Zihuatanejo
32 Acapulco
33 Guanajuato
34 Puerto Escondido
35 Bahías de Huatulco
36 Oaxaca
37 Tamuín
38 Poza Rica
39 Veracruz
40 Minatitlán
41 Cd. del Carmen
42 Campeche
43 Mérida
44 Cancún
45 Cozumel
46 Chetumal
47 Villahermosa
48 Tuxtla Gutiérrez
49 Tapachula
50 San Cristóbal de
      las Casas
51 Palenque
52 Querétaro
53 Toluca
54 D.F
55 Tlaxcala
56 Cuernavaca
57 Puebla
58 Tehuacán

△ Aeropuertos internacionales
o Aeropuertos nacionales

Ilustración 55 Aeropuertos

Fuente: (Transporte, 2009)

4. Conectividad marítima.

La conectividad marítima es la más limitada, ya que en el territorio nacional existen cerca de 117 instalaciones marítimas registradas, pero sólo son 38 los puertos turísticos y comerciales de movimiento de carga y/o descarga, l, de los cuales 21 se localizan en el lado del Océano Pacifico; entre los más importantes están Lázaro Cárdenas, Manzanillo y Ensenada. Entre los

17 que se ubican en el Golfo de México están el puerto de Veracruz, Altamira y Progreso. Mapa de distribución de los puertos mexicanos, considerando su tipo de administración y terminal marítima.

Ilustración 56 Sistema Portuario Nacional

Aunque el sistema portuario mexicano está bien consolidado en nuestro país, es difícil ingresar dentro de las instalaciones, por lo que no es factible ubicar un SIPROYD dentro de la posición de puertos; únicamente es viable estar dentro del radio de algún puerto. Siendo éste un punto óptimo de captación de carga, es necesario tener en cuenta las estrategias de cada puerto, y aunque no se considere como un punto óptimo de un SIPROYD, se tiene que conocer su conectividad con el sistema carretero y ferroviario, por lo tanto es necesario saber su ubicación para entender la posición de carga de este sistema.

En conclusión, la conectividad de un SIPROYD está condicionada por toda la infraestructura que pueden ofrecer los sistemas de transporte y que integran la logística de cada empresa, por lo tanto la mejor selección de la ubicación, está condicionada por un análisis de conectividad viable, para desarrollar un SIPROYD en una región específicamente adaptable a la empresa.

2.2.3. Análisis de la accesibilidad.

Las consideraciones de conectividad para la ubicación de un SIPROYD consideran la forma de accesibilidad para la ubicación y diseño.

La **accesibilidad de un SIPROYD** se refiere a toda aquella infraestructura que existe y además, se contabilizan las capacidades que puede ofrecer ésta no sólo para solucionar la operación logística, sino también para facilitar la entrada al SIPROYD. Por ejemplo, las carreteras y las vías ferroviarias ofrecen distintos tipos de capacidades que se consideran en un SIPROYD para la ubicación, esto es porque los volúmenes de carga dependerán de la productividad de cada empresa, pero todas las unidades terrestres utilizarían la infraestructura para la accesibilidad al SIPROYD. De igual forma que en la conectividad, la accesibilidad se deberá desarrollar de acuerdo a los dos sistemas de transporte más eficientes y usuales, que es el transporte carretero y el ferroviario por la cobertura que tienen y de la cual se pueden aprovechar para la operación de la logística.

1. Accesibilidad del sistema carretero:

Conocemos la red de carreteras que existe en el territorio nacional, pero ahora es necesario conocer las vías de comunicación que tienden a ser vialidades rápidas, y que a su vez se presentan como opción en la operación logística del transporte de carga; estas vías son de cuota y consideran tarifas al ingresar a ellas, dependiendo de los tramos que se recorran. Aunque son más rápidas, estas vialidades son de altas especificaciones con dos o más carriles por sentido, lo que facilita el libre flujo de transporte de carga. Para un SIPROYD, estas vialidades permiten enlazar nodos logísticos importantes en recorridos de menor tiempo, por lo tanto es vital saber cuáles existen y conocer cómo puede ayudar a la logística de conectividad y accesibilidad donde se desea ubicar el SIPROYD.

Mapa de carreteras libres y de cuota (con casetas) del territorio nacional

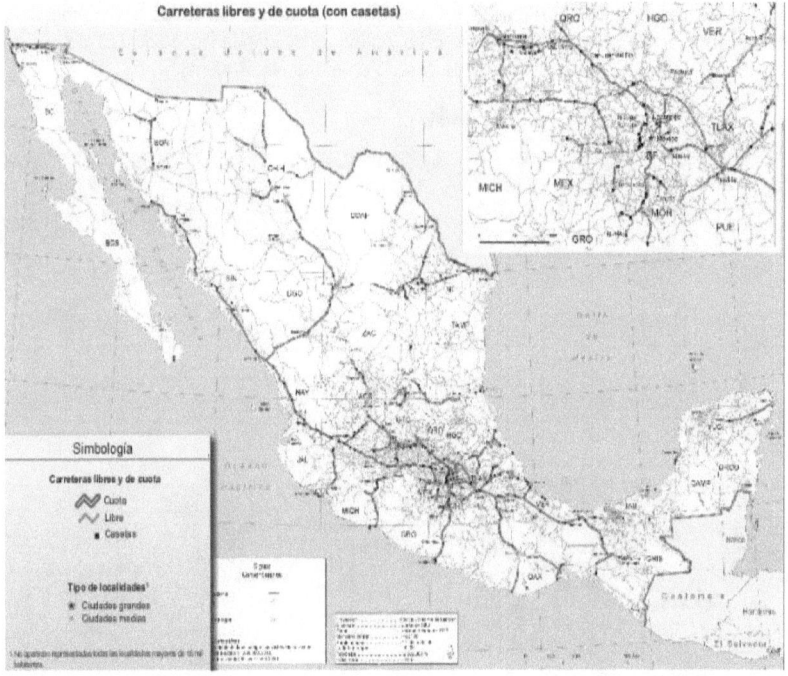

Ilustración 57, mapa que integra las vías de comunicación libres y de cuota más importantes en el territorio nacional.

Fuente: Atlas interactivo de la Secretaria de Comunicaciones y Transportes (SCT, Atlas, 2011)

Otra variable para el análisis de accesibilidad de un SIPROYD, es la capacidad de las principales vías de comunicación, ya que el número de carriles condiciona los tiempos de recorrido que pueden suscitarse por el transporte, considerando que a menor capacidad, menor opción de volumen de carga es vital que el SIPROYD que se construya se ubique cerca de vialidades donde existan mínimamente dos carriles por sentido, para poder fortalecer la accesibilidad de las carreteras y evitar que el transporte tenga retrasos de tiempo en el desplazamiento.

Ilustración 58 Mapa de capacidad de carreteras del territorio nacional

Fuente: Atlas interactivo de la Secretaria de Comunicaciones y Transportes (SCT, Atlas, 2011)

Por último y necesariamente para la transportación vía carretera, es necesario hacer un análisis de tránsito diario promedio anual (TDPA) sobre las principales vialidades que comunican al SIPROYD, ya que de esto dependen en gran medida los flujos libres del transporte en zonas donde el tránsito es muy intenso y la accesibilidad se reduce y por ende, los traslados al SIPROYD son mayores; aquí se tiene que buscar una opción en la operación de la distribución al SIPROYD.

La información referente al tránsito diario promedio anual (TDPA) la puedes observar más a detalle en la página de la SCT, en la Dirección General de Servicios Técnicos 2000 al 2013.

Con esta información se puede hacer un análisis más confiable del nivel de saturación de las vialidades, que nos sirva para tomar una decisión en la ubicación de nuestro SIPROYD sustentada en un estudio metodológico de la accesibilidad de la red carretera del territorio nacional.

Ilustración 59 Mapa de capacidad de carreteras del territorio nacional

Fuente: Atlas interactivo de la Secretaria de Comunicaciones y Transportes (SCT, Atlas, 2011)

Con base en el TDPA se hacen análisis del nivel de saturación en la intensidad de una vía, esencialmente por flujo de las vías de comunicación considerando la oferta (capacidad) y la demanda (TDPA), utilizando las siguientes fórmulas:

$$i = \frac{D}{C} \times 100\%$$

Donde:

i = Intensidad (% Nivel de saturación de las vías) C = Capacidad (capacidad de la vía en una hora)
D = Demanda (TDPA en una hora)

La capacidad va en función al tipo de carretera y en la práctica de distintos proyectos se utiliza lo siguiente:
- En una zona urbana, la capacidad es de 1,200 vehículos por hora por carril.

- En una zona rural, la capacidad es de 1,800 vehículos por hora por carril.

$$C = CZu \times NC \text{ en zona urbana } C = CZr \times NC \text{ en zona rural}$$

Donde:

CZu = 1,200 vehículos por hora por carril
CZr = 1,800 vehículos por hora por carril
NC = Número de carriles

$$D = TDPA \times fr$$

Donde:

TDPA = Tránsito diario promedio anual
fr = Factor para determinar la hora pico que equivale al (0.15)

Con esta metodología podemos ver el nivel de saturación de las vialidades principales, donde el nivel de saturación que se considera saturado es de 80% o más, mientras que los niveles menores a este valor son permisibles; con estos cálculos podemos saber qué tan viable es la incorporación de un SIPROYD en una ubicación especifica. Es importante no perder de vista que el transporte terrestre de carga es el principal factor a considerar en el desarrollo de un SIPROYD, ya que si se realiza un buen análisis de accesibilidad, se pueden reducir costos operativos principalmente en la operación del transporte, lo que permitirá tener un margen de utilidad redituable para la empresa.

Un ejemplo:

Una empresa quiere construir un SIPROYD cerca de la carretera federal MEX 055 Toluca Palmilla, en el kilómetro 65 en Atlacomulco.

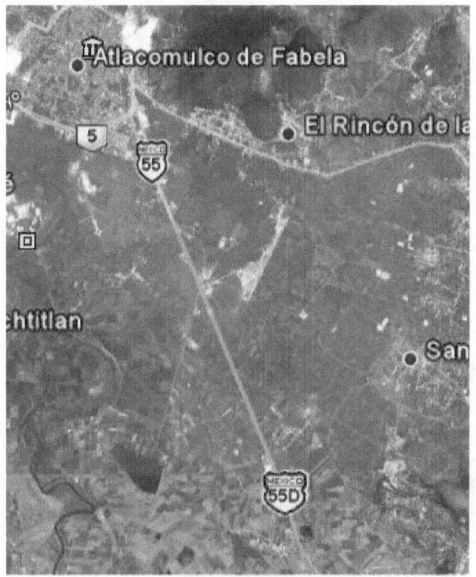

Ilustración 60

¿Qué necesita saber la empresa? Requiere saber el nivel de saturación de esta vialidad en horas de máxima demanda, para saber la problemática de la zona en donde quiere construir el SIPROYD y tomar una decisión sobre la accesibilidad de esta vía. Se sabe que la vía es de dos carriles por sentido y que el tramo es de carácter urbano, además se conoce el TDPA que es de 14,441 vehículos por sentido.

¿Cómo obtenemos el resultado?

Paso 1. Se obtiene la demanda con la siguiente fórmula:

$$D = TDPA \times fr$$
$$D = 14{,}441 \; vehículos \; \times 0{,}15$$
$$D = 2{,}166 \; vehículos$$

Paso 2. Se obtiene la capacidad con la siguiente fórmula:

$C = CZu \times NC$ en zona urbana

$$C = 1,800 \; vehículos \times 2 \; carriles$$
$$C = 2,400 \; vehículos$$

Paso 3. Se obtiene el nivel de saturación con la siguiente fórmula:

$$l = \frac{D}{C} \times 100$$

$$l = \frac{2,166 \; vehículos}{2,400 \; vehículos} \times 100\%$$
$l = 90\% \; de \; saturación \; en \; hora \; pico$

Lo que da como **resultado** que hay problemas de congestión en esa zona, lo que limitaría la operación del SIPROYD.

2. Accesibilidad del sistema ferroviario:

De igual forma que en la carretera, en las vías ferroviarias la capacidad juega un factor en la accesibilidad de un SIPROYD, por lo tanto es necesario saber cuál es la capacidad de las vías Si el volumen de carga que se pretende ofertar en el SIPROYD no es suficiente, se tiene que buscar las condiciones favorables para este sistema. A continuación se muestran las capacidades máximas de la vía en un mapa nacional.

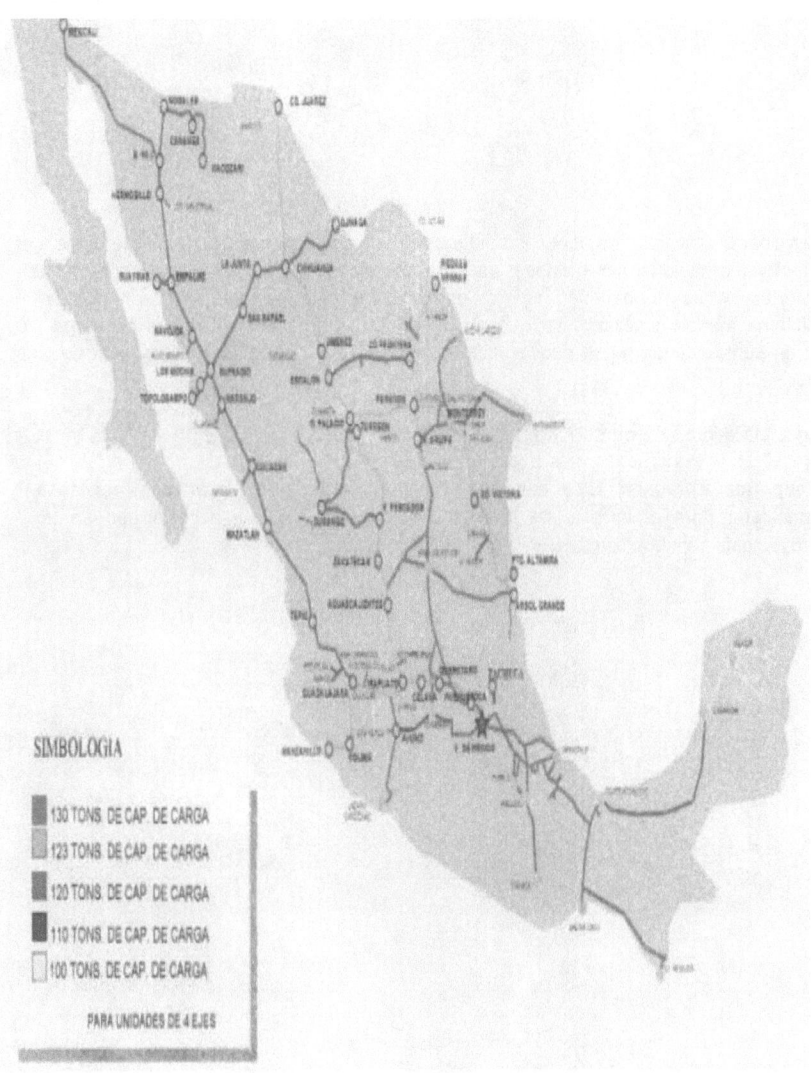

Ilustración 61 Capacidad de carga en vías ferroviarias en el territorio nacional

Fuente: Ferromex, (2007)

Para determinar la ubicación es necesario entender que los volúmenes de carga que maneja el sistema ferroviario nacional son grandes, pero las necesidades que tienen las empresas traen consigo ciertas formas de operación logística que la red ferroviaria tal vez no pueda atender, al ser un sistema menos accesible. Ya que el SIPROYD podría tener terminales de carga y/o descarga en puntos donde no se puede acceder tan fácilmente por esta vía y requerir de vías carreteras.

Actividad 2. Ubicación de un SIPROYD.

1. **Responde** la pregunta: En el aspecto social y ambiental ¿qué elementos es necesario considerar para el análisis de la zonificación, conectividad y accesibilidad en un proyecto de construcción de SIPROYD?

2.3. Ubicación del sistema producción - distribución.

Se han identificado distintas formas de análisis de las condiciones geográficas del territorio nacional, para determinar una ubicación con base en las necesidades de cada empresa, se tiene que resaltar la variable más importante: **la rentabilidad**, que puede ser a mediano o largo plazo.

Esta rentabilidad se refiere o depende de varios factores, tales como:

- ✓ Transporte (de insumos o productos terminados)
- ✓ Inversión
- ✓ Disponibilidad de servicios
- ✓ Fuentes de energía
- ✓ Mercado potencial
- ✓ Política laboral, arancelaria

La localización de plantas o SIPROYD es una decisión muy importante para el éxito o el fracaso de un proyecto, si se considera que una vez localizado el SIPROYD los costos de inversión son considerables y se tienen que realizar cambios radicales en la operación de la empresa.

En este tema analizaremos los métodos o elementos más importantes para la toma de decisiones de la ubicación.

2.3.1. Determinación de propuestas viables.

Después de realizar el análisis geográfico en el proyecto, debes determinar las ubicaciones más viables que cumplan con las características apropiadas, para lo cual se tienen que analizar todas las opciones que se proponen, elegir la opción más acorde a las necesidades de la empresa y considerar las variables económicas, de ubicación, de transporte y políticas. Con la finalidad de elegir la mejor opción.

Ballou (2004, p. 550) menciona que "La ubicación de instalaciones fijas a lo largo de la red de la cadena de suministros es un problema de decisión que da forma, estructura y configuración al sistema completo de la cadena. Este diseño define las alternativas junto con sus costos asociados y niveles de inversión utilizados para operar un sistema".

Varios de los factores que se deben tomar en cuenta para la toma de decisiones en la ubicación son los siguientes:

- Productividad de la mano de obra
- Transporte y vías de comunicación
- Recursos naturales
- Factores económicos
- Factores culturales

- Ubicación de los clientes principales
- Gobierno, impuestos
- Costos totales en la logística
- Aspectos tecnológicos

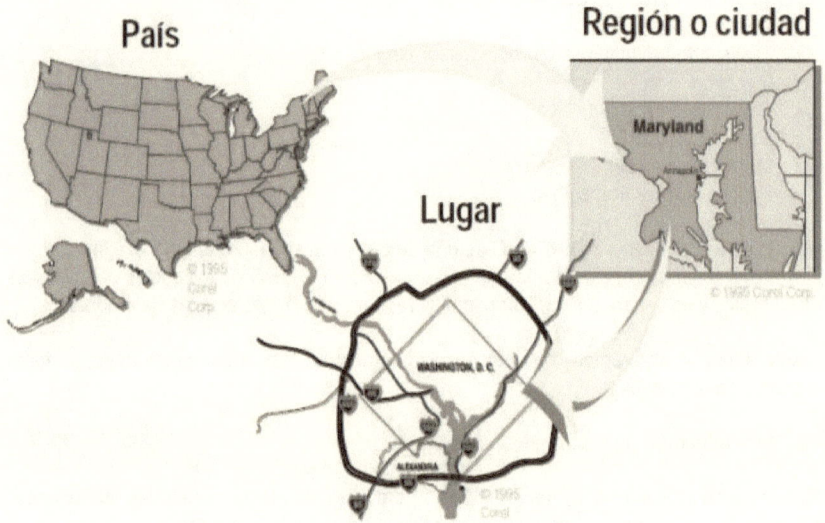

Ilustración 62 Cadena y movilidad de suministros según la ubicación

Fuente: Universidad Simón Bolívar (2012)

La correcta ubicación de un SIPROYD te permitirá obtener mejores ganancias y reducir los costos operativos. La selección de un lugar adecuado requiere de un proceso complejo, que a su vez necesita un proceso de investigación. Las compañías deben evaluar los lugares en relación a características como el área geográfica, costos de las tierras, accesibilidad y flujo de tránsito. Algunos expertos de la industria mencionan que la distancia máxima para lograr una relación costo-volumen aceptable es de 402 kilómetros; sin embargo existen empresas localizadas donde se realizan viajes de 804 a 965 kilómetros, es decir, las unidades pueden ir más lejos de 400 kilómetros, si son rentables estos viajes, si transportan mercancías de ida y vuelta con la finalidad de reducir los costos en todo el viaje.

Según Ballou (2004) al analizar los métodos, resulta útil clasificar los problemas de ubicación en varias categorías:

1. Fuerza impulsora
2. Número de instalaciones
3. Discreción de las opciones
4. Grado de acumulación de información
5. Horizonte de tiempo

Se puede considerar los siguientes métodos de evaluación para la ubicación de un SIPROYD:

- Método de ponderación de factores
- Método analítico de jerarquías
- Método del centro de gravedad

Método de ponderación de factores:

Con respecto a este método, para iniciar se ponderan los factores, características e indicadores; de acuerdo con la Universidad de Tolima, (2011); la otra manera de realizar esta ponderación es:

> Se pueden ubicar los elementos en orden de importancia dentro del conjunto; se les puede ubicar clasificándolos en grupos de mayor o menor importancia o se puede asignar a cada elemento un valor dentro de una escala numérica. Por ejemplo de 0 a 100. La referencia, en cada caso, puede ser el conjunto al que pertenecen o la calidad globalmente considerada. Los métodos de ponderación que se utilicen deben incluir el reconocimiento de la importancia crítica de determinadas características....

Este método es uno de los más utilizados para la ubicación de almacenes y tiendas departamentales. El asignar un peso a los factores permite identificar la importancia para los objetivos de la empresa.

FACTOR	PESO	ZONA A		ZONA B		ZONA C	
		CALIFICACION	PONDERACION	CALIFICACION	PONDERACION	CALIFICACION	PONDERAC
MATERIA PRIMA DISPONIBLE	0.35	5	1.75	5	1.75	4	1.40
CERCANIA DE MERCADOS	0.10	8	0.80	3	0.30	3	0.30
COSTO DE INSUMOS	0.25	7	1.75	8	2.00	7	1.75
CLIMA	0.10	2	0.20	4	0.40	7	0.70
FACTOR	PESO	ZONA A		ZONA B		ZONA C	
		CALIFICACION	PONDERACION	CALIFICACION	PONDERACION	CALIFICACION	PONDERAC
MANO DE OBRA DISPONIBLE	0.20	5	1.00	8	1.60	6	1.20
TOTALES	1.00		5.50		6.05		5.35

Tabla 5 aplicación del método de ponderación de factores

Fuente: Salazar, F. (2011)

Método analítico jerárquico:

Este método fue desarrollado por (Thomas L. Saaty), está diseñado para resolver problemas de criterios múltiples. Con la construcción de este modelo se puede graficar la información respecto de un problema, analizar las partes y visualizar y analizar las variables.

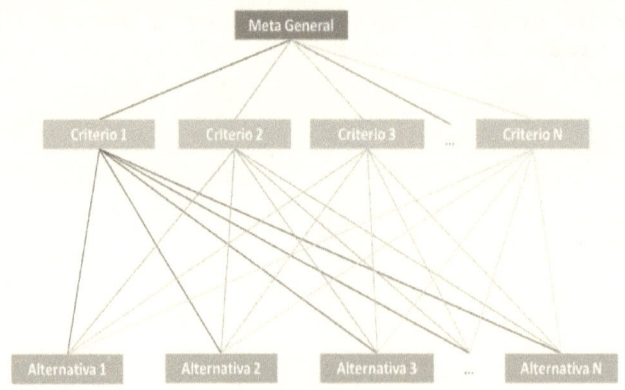

Ilustración 63 Árbol de jerarquías

Fuente: (A7 toma de decisiones, 2012)

En el siguiente esquema se muestra un árbol de jerarquías y las interrelaciones de los componentes: meta global (u objetivo), criterios y alternativas del problema a resolver; además se identifican todos los elementos que intervienen en el proceso para la toma de decisiones y los niveles en que pueden ser agrupados de forma jerárquica según los criterios y las alternativas de cada proyecto como se muestra en la gráfica generados con el software Expert Choice para una proyecto de localización de empresas proveedoras de sistemas electrónicos, con alternativas renqueadas a la derecha y criterios seleccionados en la columna de la izquierda.

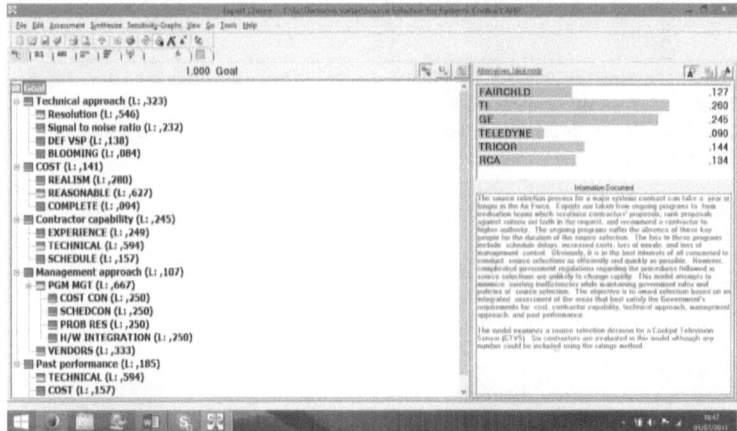

Pantalla de selección de empresa proveedora de servicios de cómputo y grafica del análisis de sensibilidad, generación propia (2015).

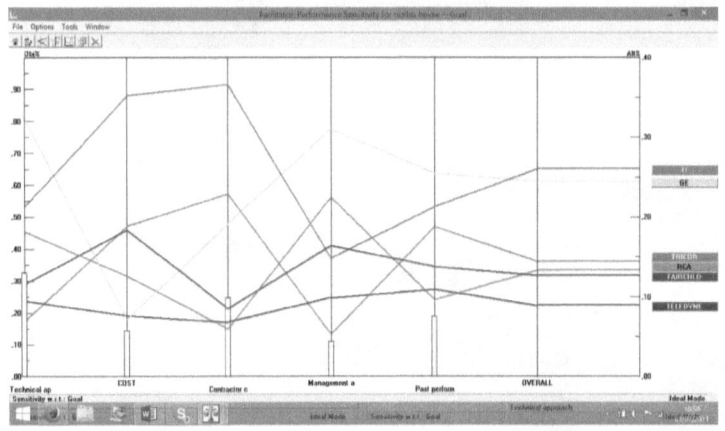

Método analítico del centro de gravedad:

Es una técnica de localización de instalaciones individuales en la que se consideran las instalaciones existentes, las distancias que las separan y los volúmenes de artículos que hay que despachar. Se utiliza normalmente para ubicar SIPROYD y bodegas intermedias de distribución.

Este método supone que los costos de transporte de entrada y salida son iguales y no incluye los costos especiales de despacho para las cargas que no sean completas (Solis, 2011).

1.   Se colocan las ubicaciones existentes en un sistema de cuadrícula con coordenadas (la selección de éstas es totalmente arbitrario).- El objetivo es establecer distancias relativas entre las ubicaciones. En las decisiones internacionales puede ser utilidad el empleo de coordenadas de longitud y latitud.

2.   El centro de gravedad se encuentra calculando las coordenadas X y Y que dan por resultado el costo mínimo de transporte. Utilizando las fórmulas:

$$Cx = \frac{\sum dix * Vi}{\sum Vi}$$

$$Cy = \frac{\sum diy * Vi}{\sum Vi}$$

Donde

Cx = Coordenada x del centro de gravedad Cy = Coordenada y del centro de gravedad dix = Coordenada x de la iésima ubicación diy = Coordenada y de la iésima ubicación
Vi = Volumen de artículos movilizados hasta la iésima ubicación o desde ella

Un ejemplo de este método:

Cuatro tiendas se ubicadas en cuatro ciudades distintas, y se requiere ubicar un almacén en una localidad central. Los datos con los que se cuentan son:

Ubicación de la tienda	Núm. de contenedores embarcados por mes
Ciudad A	2,000
Ciudad B	1,000
Ciudad C	1,000
Ciudad D	2,000

Resultado

Primero se obtienen los valores de la Cx

$$Cx = \frac{\sum dix * Vi}{\sum Vi}$$

$$Cx = \frac{30 * 2{,}000 + 90 * 1{,}000 + 130 * 1{,}000 + 60 * 2{,}000}{2{,}000 + 1{,}000 + 1{,}000 + 2{,}000}$$

$$Cx = \frac{400{,}000}{6{,}000}$$

$$Cx = 66.7$$

Luego se obtienen los valores de la Cy
$$Cx = \frac{\sum diy * Vi}{\sum Vi}$$

$$Cy = \frac{120 * 2{,}000 + 110 * 1{,}000 + 130 * 1{,}000 + 40 * 2{,}000}{2{,}000 + 1{,}000 + 1{,}000 + 2{,}000}$$

$$Cy = \frac{560{,}000}{6{,}000}$$

$$Cy = 93.3$$

Donde tenemos el siguiente punto óptimo de referencia. X(66.7 , 93.3)

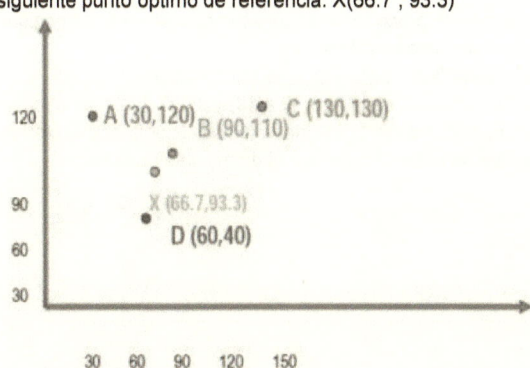

2.3.2. Modelo de selección para el sistema de producción - distribución.

El modelo que permiten encontrar la ubicación más adecuada para la ubicación del SIPROYD, considerando todas las variables para la mejor toma de decisión, para la reducción de los costos operativos y para atender a los clientes de una manera oportuna y eficiente.

Los métodos son parte la Investigación de operaciones y optimización como:

El Modelo de transporte (Salazar, 2010). el objetivo de este modelo es: determinar las cantidades a enviar desde cada punto de origen hasta cada punto de destino, que minimicen el costo total de envío, al mismo tiempo que satisfagan tanto los límites de la oferta como los requerimientos de la demanda.

Con este método destaca la importancia que tiene para la ubicación de una instalación el hecho de calcular la cantidad de mercancía que se puede enviar para satisfacer la demanda del cliente o clientes, considerando varias variables.

Este método también nos puede ayudar en la elaboración de rutas de distribución con la finalidad de que sean eficientes los recursos que tiene la empresa.

El **Modelo de factores ponderados** consiste en asignar valores o pesos cuantitativos a una serie de factores que se consideran relevantes para la localización, esto nos conduce a una comparación cuantitativa de diferentes sitios. El método permite ponderar factores de preferencia para el investigador al tomar la decisión (Baca, 2001).

Se puede aplicar el siguiente procedimiento para jerarquizar los factores cualitativos:
1. Desarrollar una lista de factores relevantes.
2. Asignar un peso a cada factor para indicar la importancia
3. Asignar una escala común a cada factor (0 a 10) y elegir cualquier mínimo.
4. Calificar a cada sitio con la escala designada y multiplicar la calificación por el peso.
5. Sumar la puntuación de cada sitio y elegir el de máxima puntuación.

Un ejemplo del método:

FACTORES	PESO RELATIVO (%) (Wj)	ALTERNATIVA DE UBICACIÓN DE TERRENO		
		A (Pij)1	B (Pij)2	C (Pij)3
Proximidad a proveedores	30	7	7	10
Costos laborales	30	5	9	7
Transportes	20	9	6	6
Impuestos	15	6	6	7
Costos de instalación	5	7	8	2
Puntaje Total (Pi)	100	665	730	745

Tabla 6 Localización de instalaciones, diseño sistemas productivos y logísticos

Aplicando $Pi = \sum Wj * Pij$ se obtienen los valores de la tabla

Existen **factores** que se pueden considerar **para realizar la evaluación**; entre éstos se encuentran los siguientes:

1. Factores geográficos relacionados con las condiciones naturales que rigen en las distintas zonas del país, como el clima, los niveles de contaminación y desechos, las comunicaciones, etc.
2. Factores institucionales que son los relacionados con planes y estrategias de desarrollo y descentralización industrial.
3. Factores sociales relacionados con la adaptación del proyecto al ambiente y la comunidad. Se refieren al nivel general de los servicios sociales con que cuenta la comunidad.
4. Factores económicos, que se refieren a los costos de los suministros e insumos en esa localidad.

El Método del centro de gravedad es una técnica de localización de instalaciones en las que se consideran las instalaciones ya existentes, las distancias que existen entre ellos y los puntos de demanda. Se utiliza para ubicar bodegas intermedias y de distribución.

Esta metodología, como se mencionó, es un método cuantitativo para la ubicación de instalaciones en un centro que consideran la frecuencia de envíos y la distancia. El punto de partida de este método es un mapa en donde se ubican todas las instalaciones por medio de coordenadas.

Ejemplo de aplicación de este método:

Se tiene definidas tres alternativas por seleccionar (A, B y C) con las coordenadas (0,0, 0,2 y 3,1) respectivamente de los cuales se transportara las unidades anotadas (10, 20 y 30), iniciamos las iteraciones con las coordenadas calculadas con la sumatoria y la siguiente iteración substituimos las coordenadas encontradas hasta obtener el costo más bajo, que en este caso se encuentra en la iteración I, VI o VII.

Datos Generales			
Puntos	Localidad	X	Y
A	Texcoco de Mora	6.5	15
B	Querétaro	1	7
C	Nuevo Laredo, Tamaulipas	41	10.5

Plano bidimensional de las coordenadas de localización

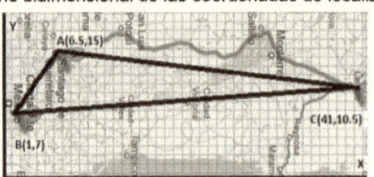

Peso Producto Solicitado (Pi)	
A	25 Ton
B	25Ton
C	25Ton

	A	B	C	D	E	F	G	H	I	J	K	L	M
1				Localización Bidireccional Método del Centro de Gravedad								
2				Dr.Ing. José Antonio Valles Romero								
3												

	Coordenadas de los Almacenes						Numero de	Coordenadas		Distancias al SIPROyD			Costo X
	SIPROyD A		SIPROyD B		SIPROyD C		Iteraciones	X	Y	Da1	Da2	Da3	Km.
	0	0	0	2	3	1	Inicial	1,5000	1,1667	1,9003	1,7159	1,5092	98,59862
	Unidades	10	Unidades	20	Unidades	30	I	1,6207	1,1737	2,0011	1,8191	1,3894	98,07432
							II	1,6207	1,1596	1,9928	1,8256	1,3902	98,14719
	Distribuimos cada coordenada entre la distancia y						III	1,6207	1,1581	1,9919	1,8263	1,3885	98,10110
	la demanda entre distancia obtenemos una coreccion						IV	1,6207	1,1578	1,9918	1,8264	1,3884	98,09700
	y determinamos la nueva ubicación.						V	1,6207	1,1578	1,9917	1,8264	1,3883	98,09623
							VI	1,6207	1,1578	1,9917	1,8264	1,3883	98,09611
	El Costo es: Ton. X Dist.						VII	1,6207	1,1578	1,9917	1,8264	1,3883	98,09609
							VIII	1,6207	1,1578	1,9917	1,8264	1,3883	98,09609

$$f(x) = \sum_{i=1}^{n} (Pi * di)$$

Ejemplo de localización, fuente desarrollo propio (2015)

Con los métodos analíticos que se describieron anteriormente se puede analizar y determinar la ubicación de las instalaciones considerando las variables adecuadas.

Estos análisis se pueden realizar mediante hojas de cálculo o a mano, para la ubicación de las instalaciones generalmente se utiliza software como *Quantum GIS y otros*, que es un sistema de información geográfica que te permitirá realizar la ubicación de un SIPROYD.

El GIS funciona mediante una base de datos con información geográfica que se encuentra asociada por un identificador común a los objetos gráficos de un mapa digital.

Las principales soluciones que pueden realizar los sistemas GIS son:

- Localización: saber ubicaciones concretas
- Condición: cumplir o no condiciones establecidas en el sistema
- Tendencia: comparación de situaciones
- Rutas: cálculo de rutas óptimas
- Pautas: detección de pautas espaciales
- Modelos: generación de modelos a partir de fenómenos simulados

En el siguiente esquema se ejemplifica la aplicación del software.

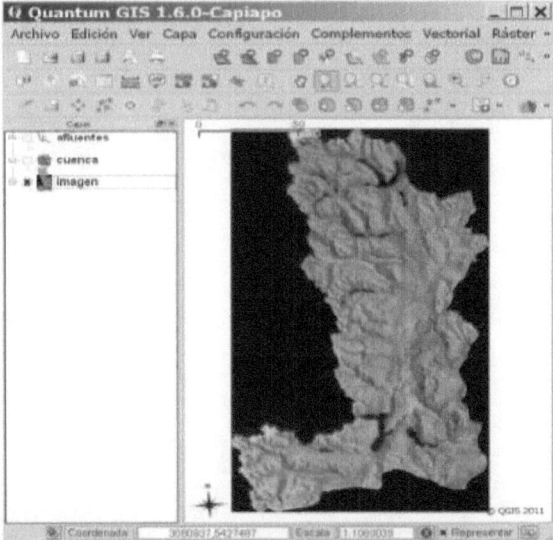

La importancia que tiene la ubicación de las instalaciones para una empresa en el lugar adecuado es crucial, porque las compañías lograrán tener un crecimiento en lo comercial y una reducción en los costos operativos y podrán seguir creciendo a nivel nacional e internacional.

2.3.3. Mapeo de nodos logísticos.

En esta sección aplicaremos lo estudiado, ya que permitirá determinar la ubicación de la infraestructura de un SIPROYD mediante tecnologías georreferenciales, tanto en mapas como en el *software GIS*.

Con la ayuda de las diferentes tecnologías de localización (GPS) el transporte se ha beneficiado para la ubicación de carreteras, el control de las flotas de transporte en los diferentes medios de transporte, es decir, en el modo de transporte terrestre se puede dar seguimiento a las unidades en su ruta por las carreteras federales o estatales. En el caso de transporte férreo se le da un seguimiento a las locomotoras y vagones en las vías.

Para la localización de los centros se requiere de coordenadas geográficas: latitud, longitud y altitud. Con respecto al mapeo de nodos logísticos se debe de considerar los factores meteorológicos, topografía, hidrología, infraestructura, factores económicos de población, de la zona y de las vías generales de comunicación.

Desarrollo
Empiézanos por ubicar en un mapa la información geográfica, incluyendo los indicadores socioeconómicos y las vías de accesibilidad, por mencionar algunos.

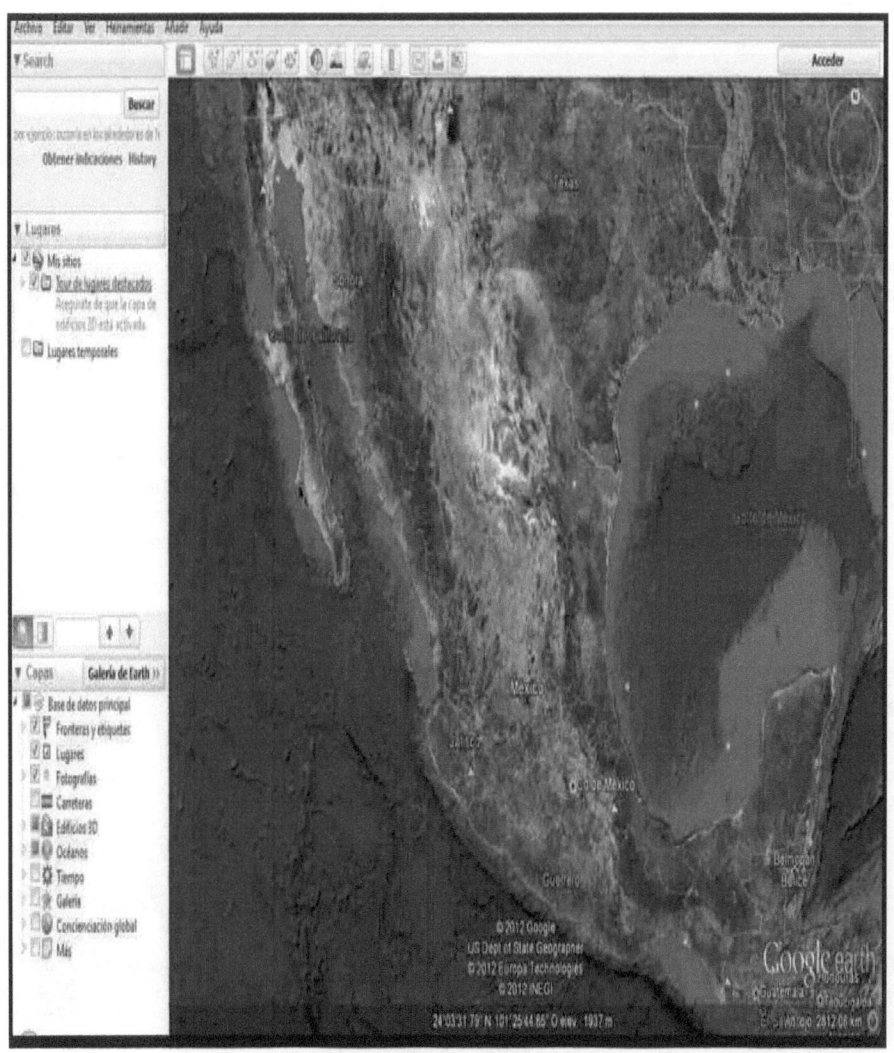

Ilustración 66 Google Earth

Fuente: Interfaz de *Google Earth*

Utilizando esta herramienta, en un mapa de la zona geográfica donde consideres que puede estar localizado un SIPROYD, ubicamos cada una de las instalaciones de los siguientes puntos para nuestra cadena de suministro:

- Clientes principales
- Proveedores de mercancía
- Proveedores de transporte

Esta localización se debe realizar mediante las coordenadas de latitud y longitud; con estas georreferencias nuestros proveedores y clientes se ubicarán en el mapa. También debemos identificar las vías de comunicación y/o accesibilidad como carreteras primarias y secundarias, vías de ferrocarril, aeropuertos y centro de transbordos y los indicadores socioeconómicos.

Un ejemplo del mapa.

Ilustración 67 Ejemplo de mapa

Fuente: NASA, (2013)

Una vez que se haya localizado cada una de las variables, se tendrá la información geográfica completa en un mapa base.

Para terminar el análisis geográfico, con la finalidad de trabajar la información en GIS y considerar todas los factores estudiados para elegir la ubicación correcta del SIPROYD.

Evidencia de aprendizaje. Diseño de un SIPROYD. Parte 2.

Con base en la información generada complementa lo que se te pide a continuación:

1. El SIPROYD que seleccionaste en el capítulo 1, ya cuenta con una ubicación real, ahora **plantea** tres propuestas adicionales de ubicación (utiliza el *software Google Earth).*

2. **Determina** los indicadores socioeconómicos para realizar un análisis geográfico, según el tipo de mercancía elegido. Para ello ingresa a la página del INEGI y busca los valores que corresponden a estos indicadores, de cada una de las ubicaciones propuestas.

3. **Determina** la zonificación, conectividad y accesibilidad, integrando a los principales clientes, proveedores de mercancía y transporte de cada propuesta.

4. **Analiza** todas las variables y **determina** la mejor ubicación del SIPROYD con base en el análisis geográfico que realizaste.

Cierre del capítulo

Dentro de este segundo capítulo aprendimos la importancia del análisis geográfico, en la planeación de proyectos de infraestructura, específicamente de un SIPROyD.

También aprendiste en primera instancia lo que significa dar una interpretación a los indicadores socioeconómicos, el papel que juega cada uno de ellos en sus respectivas regiones y como éstos pueden determinar la viabilidad de llevar a cabo la inversión de un proyecto de SIPROYD en una zona u otra.

Además de familiarizarse con el uso del sistema de Información Geográfica, se utilizó un software libre para empezar a tener un acercamiento con el uso de esta tecnología. Otro aspecto relevante dentro de este tema es la incorporación de otras tecnologías a este sistema, como los globos de información geográfica, imágenes y estadísticas manejadas por diferentes instituciones, y que de acuerdo a los manuales y tutoriales proporcionados, dan al sistema su base de información para el análisis geográfico de las zonas.

Otro punto muy importante dentro de este capítulo fue el análisis de accesibilidad, donde se considera desde los proveedores, hasta el estudio de la infraestructura de transporte, que es muy importante para la localización de un SIPROYD.

Otro aspecto relevante es la aplicación de los modelos de evaluación para la ubicación de los SIPROYD partiendo de la base geográfica; mediante este análisis se debe obtener ganancias y la reducción de costos operativos se revisó además la aplicación del mapeo de los nodos logísticos utilizando el software *Google Earth* para la toma de decisiones.

Al final de este capítulo hemos definido herramientas que ayudan a seleccionar la ubicación de un SIPROYD, además de desarrollar habilidades para la toma de decisiones con base en diferentes propuestas viables, aplicando diferentes metodologías para definir matemática y geográficamente la mejor ubicación. Se ha identificado también la importancia de una posición estratégica que garantice a todo el sistema de la empresa un flujo de insumos estratégico con la integración de una cadena de suministro.

Se identificó la importancia de la geografía, el mapeo y la utilización de modelos para la decisión de ubicación, en el siguiente capítulo se estudiara el diseñar de un SIPROYD considerando las medidas del terreno, la infraestructura, y el diseño de los procesos tales como anchos de pasillos y tipo de maquinaria, además de la rentabilidad de la instalación.

Para saber más

Con la finalidad de ampliar los conocimientos sobre los temas abordados es recomendable el estudio de los materiales relacionados.

1. Proceso de georreferencia. Con estos videos pretendemos que observes cómo puedes realizar una georreferencia en el programa de QGIS; el video te muestra paso a paso el proceso.
   a. http://www.youtube.com/watch?v=_Durq2vpe3k&feature=fvwp
   b. http://www.youtube.com/watch?v=mXRhmreHhWg

2. CAD y texto a QGIS. En este video se muestra cómo integrar archivos CAD a QGIS para poder trabajarlos dentro del programa.
   a. http://www.youtube.com/watch?v=b0sfL_MaapQ

3. Modelos digitales de elevación. Aquí se muestra cómo se realiza el manejo de datos raster en un sistema de información geográfica.
   a. http://www.youtube.com/watch?v=JSZm7LPBz-g

4. GPS integrado QGIS. Aquí se muestra cómo se integran los datos que se generaron en un GPS al sistema de información geográfica.
   a. youtube.com/watch?v=j9dlLIB1xbw
   b. http://www.youtube.com/watch?v=DTgiOR9ww-0

5. Polígonos QGIS. Estos tutoriales te mostrarán cómo generar polígonos para zonificar espacios dentro del programa.

a.http://www.youtube.com/watch?v=Nx7V0oADR70
b.http://www.youtube.com/watch?v=ORXchiL6G_g
c.http://www.youtube.com/watch?v=75yfbqksFxs

6. Para que observes cómo se integra la información a un SIG, observa los siguientes videos:
a.http://www.youtube.com/watch?v=zX0z5Ze1zng
b.http://www.youtube.com/watch?v=PFL71IRgt1k

7. AutoCAD 2013. Este tutorial te muestra las bases para el manejo del AutoCAD 2013.
a.youtube.com/watch?v=S3bvPbWvt38

8. Atlas interactivo de carreteras de la SCT 2011

Esta información es descargable en la página oficial de la Secretaria de Comunicaciones y Transportes. Contiene información referente a la infraestructura carretera más importante del territorio Nacional y lo puedes utilizar para obtener mucha información. Se integra el archivo para instalar la herramienta de consulta.

9. (INEGI, Mapa Interactivo, 2013) y el programa (INEGI, SCINCE, 2010) Disponible en:

http://www.inegi.org.mx/geo/contenidos/mapadigital/

http://www.inegi.org.mx/sistemas/consulta_resultados/scince2010.aspx

Estos mapas ofrecen estudios de zonificación y mapeo de indicadores, que además se pueden descargar para instalarlos en computadora.

Fuentes de consulta.

Básica

- Baca, U. G. (2001). *Evaluación de proyectos*. México: McGraw-Hill.
- Ballou, R. (2004). *Logística: Administración de la Cadena de Suministro*. México: Pearson Educación.
- UT (s.f.). *Guía taller de ponderación*. Colombia: Universidad de Tolima.
- Ferromex. (2007). *Productos industriales*. México: Ferrocarril Mexicano
- INEGI. (2010). SCINCE. Recuperado el 2013, de SCINCE: http://www.inegi.org.mx/sistemas/consulta_resultados/scince2010.aspx INEGI. (2013). Recuperado en Mayo de 2013, de http://www.inegi.org.mx/
- INEGI. (2013). *Mapa Interactivo*. Recuperado el 2013, de Mapa Interactivo: http://www.inegi.org.mx/geo/contenidos/mapadigital/
- Krugman, P. (2007). *Introducción a la economía: Macroeconomía*. Barcelona: Reverté.

- Peña Llopis, J. (2006). *Sistemas de información geográfica aplicados a la gestión del territorio*. España: Club universitario.
- Novara, M. (2011). *Introducción al manejo del software libre Quantum* (QGis).

Complementaria

- SCT. (2000 al 2013). Dirección General de Servicios Técnicos.
- SCT. (2010). Dirección General de Transporte Ferroviario y Multimodal.
- SCT. (2011). *Atlas interactivo*. México: Secretaría de Comunicaciones y Transportes.
- SCT. (2012). Coordinación General de Puertos y Marina Mercante.
- SCT. (2012). Secretaria de Comunicaciones y Transportes.
- Solís, A. D. (2011). *Planeación y diseño de instalaciones, Localización de centro de gravedad*.

Capítulo 3. Estructura física del sistema producción-distribución

Presentación del capítulo

La estructura física del SIPROYD es el complemento idóneo para determinar la construcción de este. Hasta ahora sabemos diseñar los procesos operativos, administrativos y el diseño de las instalaciones por medio de un *layout*, además sabemos cómo hacer un análisis geográfico que nos permita conocer la ubicación más confiable para posicionar nuestro SIPROYD.

Aprenderemos a realizar las funciones específicas para simular la construcción de una estructura física, que te garantice la perspectiva para la toma de decisiones en la ejecución, entre los temas que se abordarán se encuentra el dimensionamiento de la estructura, así como la distribución de la planta y la definición del proyecto final.

Propósito

El propósito del capítulo es proporcionar las herramientas del diseño, que garantice las funcionalidades necesarias para el desarrollo de una estructura física funcional para la empresa, finalmente complementar el proyecto de diseño.

Objetivo específico

Elaborar el diseño de la estructura física de un SIPROYD, para integrar la logística operacional, administrativa y el análisis geográfico, mediante las herramientas de proyección y rentabilidad.

3.1. Dimensionamiento de la estructura

Para determinar las mejores condiciones en el diseño es necesario entender las dimensiones de la estructura, que contempla la geometría específica del terreno y la infraestructura. En este capítulo aprenderemos a dimensionar un SIPROYD en una superficie específica, donde se cuente con condiciones operativas y administrativas adecuadas para construir una infraestructura que cubra las necesidades de la empresa.

3.1.1. Dimensionamiento del terreno

El dimensionamiento del terreno son las medidas lineales y angulares, que conforman el polígono colindante que define una superficie, es indispensable elaborar un levantamiento topográfico con las dimensiones y las elevaciones de cada punto y verificar las dimensiones en las escrituras de propiedad, para elaborar un anteproyecto arquitectónico; se deben adecuar las proporciones que se desean desarrollar para la edificación de la infraestructura y que repercutirán en la dinámica industrial.

En este apartado se contempla analizar la superficie necesaria que se requiere para dar cumplimiento a la dinámica industrial, con base en los requerimientos y especificaciones requeridas. Después de alinear y conocer la ubicación, se procede a realizar una distribución (anteproyecto) en planos para contemplar la factibilidad de la dinámica industrial.

Para ello, se ha hecho el análisis de ubicación de un SIPROYD y se ha determinado un terreno ubicado en el Estado de México, con una superficie total de 304,270 m², en una zona de Cuautitlán Izcalli; cuenta el terreno con una conexión carretera con el Boulevard Benito Juárez y con la calle Jacarandas como se muestra en la siguiente imagen.

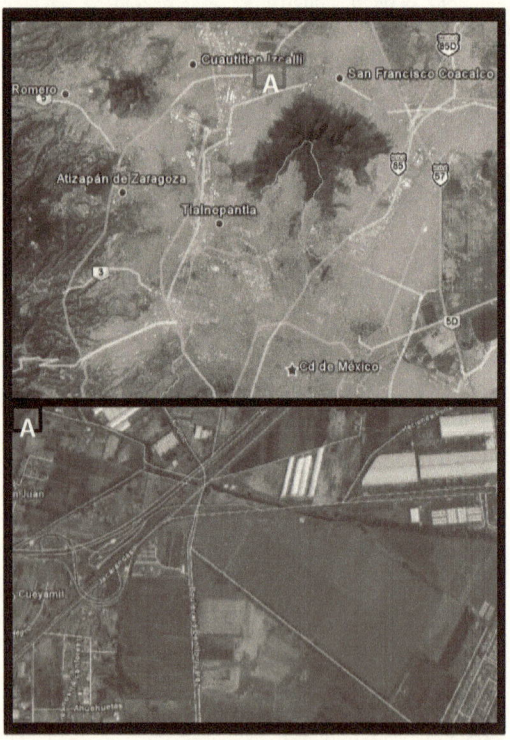

En este terreno se desea hacer un diseño previo del SIPROYD, para realizar una simulación de trazados y dimensionar las proporciones de ocupación del terreno, con la finalidad de hacer un planteamiento anticipado de la elaboración de un proyecto de grandes dimensiones, por lo tanto, tenemos que hacer un reparto físico con base en los siguientes conceptos:

- Infraestructura: Son todas aquellas áreas que están posicionadas para brindar el servicio en un SIPROYD (almacén, área de picking, recibo, embarques, oficinas administrativas y caseta de vigilancia).

- Área adicional: Son todas aquellas zonas que se designan para distracción del personal (canchas de futbol y básquetbol, áreas de árboles, etc.) o aquellas que se prevén para un crecimiento futuro.

- Vialidades: Es toda aquella infraestructura que se considera necesaria para el tránsito de vehículo de carga y automóviles de uso particular (vialidades, estacionamientos y áreas de resguardo de unidades de carga o patios operativos).

La proporción del dimensionamiento debe basarse en las necesidades de la empresa y el volumen de carga de la misma, pero se tiene que hacer una estimación en porcentajes; por ejemplo, del 100% del terreno, la infraestructura de áreas operativas va de un 25 a un 50%; esto se determinará con base en las necesidades de cada SIPROYD y la reglamentación de cada zona. Para un SIPROYD las vialidades pueden ocupar entre un 40 y un 50% del total del terreno, y el restante es para asignación de áreas de crecimiento y de actividades de recreación.

El manual de operación de cada equipo y manuales de desarrollo arquitectónico además de los reglamentos de construcción de la zona en estudio publican las dimensiones mínimas requeridas para cada necesidad, por lo que es importante cumplir con los ordenamientos establecidos para cada necesidad, para nuestro ejemplo las especificaciones son las siguientes, considerando las necesidades de espacios. Esta distribución dotará al proyecto de una funcionalidad y capacidad de diseño, que servirá para ajustarla a las necesidades reales de cualquier SIPROYD:

	Concepto	Superficie (m2)	% Reparto terreno	
Infraestructura	Oficinas	3,258	1%	
	Almacén	43,806	14%	
	Picking	12,105	4%	29%
	Recibo	20,893	7%	
	Embarques	6,758	2%	
	Caseta de vigilancia	898	0.3%	
Áreas adicionales	Crecimiento futuro	22,844	8%	
	Área de recreación personal	6,617	2%	14%
	Área verde	13,349	4%	
Vialidades	Vialidades	115,286	38%	
	Parking unidades de carga	44,075	14%	
				57%
	Estacionamiento personal	7,185	2%	
	Estacionamiento gente externa	7,197	2%	
Superficie total terreno		**304,270**	**100%**	

Tabla 7 Asignación de espacios.

La distribución es designada por los diseñadores del SIPROYD. Para nuestro ejemplo, designamos una distribución acorde a las necesidades operativas de la empresa y mostramos esa distribución en un plano o en una maqueta, por lo que es usual desarrollar estos planos en AUTOCAD y en su caso en SOLIDWORKS con la finalidad de simular movimiento y permitir las modificaciones necesarias.

Aclaración: para este reparto se ha desarrollado una distribución acorde a las necesidades y el diseño personal y estructural acorde a las requerimientos de la dinámica industrial.

Letra	Concepto
A	Oficinas
B	Almacén

C	Picking
D	Recibo
E	Embarques
F	Caseta de vigilancia
G	Crecimiento futuro
H	Área de recreación personal
I	Área verde
J	Parking unidades de carga
K	Estacionamiento personal
L	Estacionamiento gente externa

Tabla 8 Ubicación del reparto.

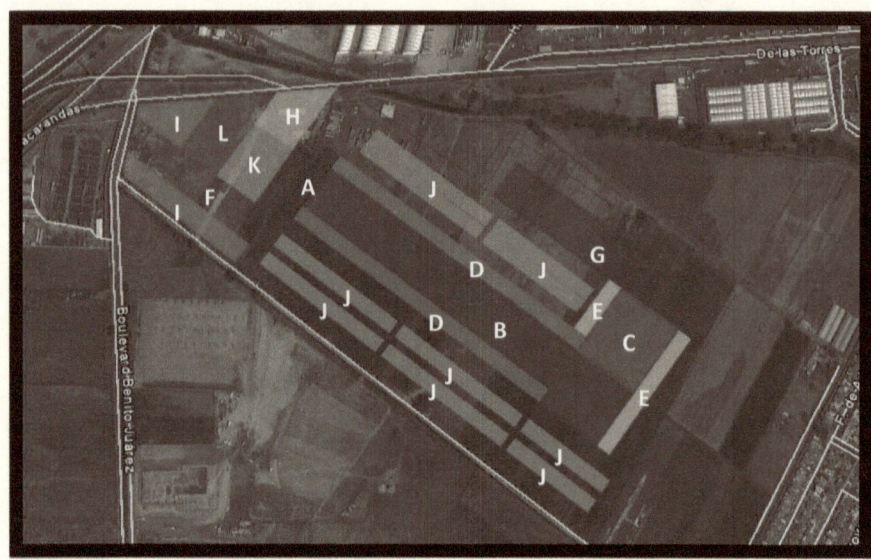

Ilustración 69 reparto de áreas en terreno del SIPROYD.

Todos los gráficos se han elaborado en *Google earth* y guardado en archivos con la extensión *kmz*. y observar el funcionamiento de la distribución y desagregación en un terreno real en un sistema de coordenadas preciso.

Condiciones del terreno

Para los efectos de edificación, se debe considerar condiciones específicas de control de calidad en el uso del suelo. Por lo tanto, una de las condiciones del SIPROYD que vamos a diseñar, es que soporte y transfiera la carga estática y dinámica del suelo, esto es:

- Carga dinámica: Es toda aquella carga que procede del equipo que se utiliza o maneja.
- Carga estática: Está situada en la parte baja de los pilares de las estanterías.

Es necesario considerar que los montacargas pueden averiar partes del piso, lo que deteriora parte de la estructura, por esto es necesario considerar juntas que ayuden a disminuir los daños.

En el desarrollo de condicionantes del terreno se deberá contemplar un estudio de planimetría, que es muy importante para evitar desniveles en las zonas de construcción, esto es, si existe un desnivel importante lo que ocasiona algunas pendientes y desvíen los movimientos ya que no se distribuyen uniformemente las cargas puntuales de los pesos de los equipos, esto trae como consecuencia que el piso de fracture y se maltrate el drenaje.

Altura de elevación	Tolerancia en mm a distancia entre puntos de medición de:			
	1 m	4 m	10 m	Más de 15 m
Hasta 6.2 m	-2 < x < 2	-5 < x < 5	-6 < x < 6	-7.5 < x < 7.5
Más de 6.2 m	-1.5 < x < 1.5	-4.5 < x < 4.5	-6 < x < 6	-7.5 < x < 7.5

Tabla 9 Altura de elevación.

Fuente: Restrepo, 2012.

Se tienen que desarrollar pisos eficientes, para evitar desgastes irregulares del equipo de rodamiento, y maltrato a los productos.

En sí, se debe tomar en cuenta características específicas para la construcción de un piso para un SIPROYD:

1. Resistencia a la abrasión: que significa aguantar el desgaste que provoca algún equipo al rozamiento con algún fenómeno de erosión.
2. Resistencia a la compresión: esta para el tipo de materiales que se utilizan para el concreto y se refiere a los 800 kg/cm2.
3. Resistencia a la flexotracción: se determina para las vías de rodamiento de vehículos de grandes dimensiones para que no se maltrate al pasar de la carga; ésta va de 150 – 250 kg / cm2.
4. Resistencia a aceites y grasas: se deben de considerar antiderrapantes ocasionados por el equipo y unidades que causan el esparcimiento de aceites o grasas en el piso.
5. Porosidad; debe de ser inferior a un 3%.
6. Durabilidad.

Ilustración 70 acomodo de suelo en un terreno para un SIPROYD

3.1.2. Dimensionamiento de la infraestructura

El dimensionamiento de la infraestructura también es una técnica para garantizar el reparto óptimo de todas las áreas funcionales dentro de la infraestructura de un SIPROYD. Entre éstas, están todas las áreas operativas de embarques, recibo, *picking,* almacén, oficinas y áreas de servicio. La infraestructura de un SIPROYD tiene que ser suficiente para manipular la mercancía de cada empresa, y debería de estimarse para una durabilidad de cinco a siete años como mínimo, con base en un análisis de mercado; con esto, cada empresa adoptará medidas adecuadas para el diseño de su infraestructura.

Para desarrollar un SIPROYD se deberán obtener los requerimientos de espacio de las mercancías, con esto se determina cuánto se mueven en un año base, y por lo tanto, nos ayuda a obtener el tamaño óptimo de nuestro SIPROYD.

Por ejemplo, en una empresa el inventario de ventas promedio mensual es de \$545,833, movilizando un total de 1, 091,000 kg. De carga, se tiene considerado un espacio de 55,911 m2 designado para la construcción de la infraestructura, tomando en cuenta el área del almacén y de picking teniendo en consideración que con esta estimación se requiere un espacio de 45,486 m2. Se muestran los cálculos para el dimensionamiento del requerimiento de espacios, aplicando la siguiente fórmula:

$$Re = \left(\frac{1}{ri}\right) * (Er) * \left(\frac{1}{Up}\right) * \left(\frac{1}{Vp}\right)$$

Donde:
Re = Requerimiento de espacio ri = Rotación de inventario Er = Espacio requerido por metro
Up = % de utilización
Vp = % de variabilidad

De estos datos hay que realizar las siguientes suposiciones, con base en las condiciones de la empresa; por ejemplo, el porcentaje de utilización y variabilidad no puede ser 0% porque no se condicionan las necesidades de espacio en la infraestructura.

Rotación de inventario	3	Mes
% de utilización	50.00%	Por designar
% de variabilidad	80.00%	Por designar
Espacio requerido por metro	0.05	m²/kg

Con la fórmula anterior y la información correspondiente, tenemos el siguiente

Mes	Ventas $	Demanda en Kg	Requerimientos de espacio (m²)
Enero	600,000	1,200,000	50,000
Febrero	200,000	400,000	16,667
Marzo	650,000	1,300,000	54,167
Abril	650,000	1,300,000	54,167
Mayo	650,000	1,300,000	54,167
Junio	650,000	1,300,000	54,167
Julio	650,000	1,300,000	54,167
Agosto	350,000	700,000	29,167
Septiembre	500,000	1,000,000	41,667
Octubre	500,000	1,000,000	41,667
Noviembre	650,000	1,300,000	54,167
Diciembre	500,000	1,000,000	41,667
Promedios	545,833	1,091,667	45,486

Tabla 10 cálculo de espacios

Una vez que se han designado las proporciones con las delimitaciones del terreno, se debe proceder a realizar el reparto de la infraestructura, en el que, para nuestro SIPROYD, el almacén puede ocupar de un 45% a un 90%, esto dependerá de la infraestructura que se piensa construir, con base en el producto que la empresa necesita manipular.

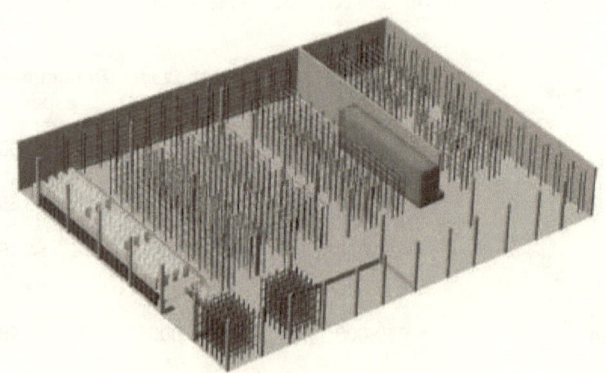

Ilustración 71 distribución de un almacén.

Fuente: El diario de un logístico, 2011.

Almacén

Al desarrollar un SIPROYD, se recomienda entender cuál es la capacidad cúbica de nuestro almacén (largo, ancho y alto), esto es indispensable para calcular las dimensiones esenciales que garanticen una operación eficiente en las instalaciones, siendo el almacén el que debe de tener mayor peso para las dimensiones de la infraestructura; para esto hay que llevar a cabo el siguiente procedimiento:

A. Se tienen que tener datos de ventas de la empresa o proyecciones del mercado.
B. Hay que calcular la posible desviación estándar de los datos del punto anterior.
C. Se tiene que definir el tiempo funcional de cobertura.
D. Se especifican necesidades de almacenamiento a lo largo del tiempo.
  Para este punto se debe calcular la demanda futura con la siguiente fórmula:

$$Df = Pm + SS$$

  Donde:
  Df = Demanda futura
  Pm = Proyecciones de mercado
  SS = *Stock* de seguridad

  Para obtener el *Stock* de seguridad se aplica la siguiente fórmula:

$$SS = u * \sqrt{Tc} * \sigma$$

Donde:

SS = Stock de seguridad
u = Coeficiente de seguridad (demanda futura)
Tc = Tiempo de cobertura
σ = Desviación estándar de la demanda

E. Para determinar el área necesaria del almacén, se tiene que calcular con la siguiente fórmula:

$$AA = \left(\frac{\frac{Na}{Fe}}{Fa}\right) * Ae * Fp$$

Donde:

AA = Área de almacén necesaria
Na = Necesidad de almacenamiento
Fe = Factor de estiba
Fa = Factor de altura
Ae = Área de estiba
Fp = Factor de pasillo

F. Se tiene que calcular el factor de utilización del almacén por medio de la composición de los pasillos.

	% Pasillo	% Utilización del almacén	Pasillo (m)
Sencilla – Selectivo	50	75	
Selectivo profundidad sencilla	60	40	3.6
Selectivo doble profundidad	36	64	2.7
Selectivo pasillo angosto	50	50	2.4
Selectivo pasillo súper angosto	43	57	1.8
Drive in	27	73	3.6
Drive in pasillo angosto	20	80	2.4

Tabla 11 Utilización de un almacén.

Fuente: Restrepo, 2012.

Un ejemplo de esta distribución es la siguiente:

Ilustración 72 Racks selectivos de doble profundidad

Fuente: Guillermo, 2010.

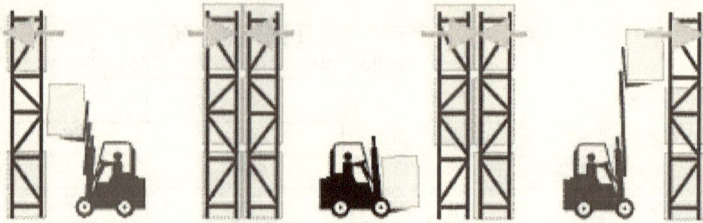

Ilustración 73 Racks selectivos de doble profundidad

Fuente: Logistic, 2013.

Es también importante saber cuál es el espacio necesario por *pallet*, para definir las condiciones necesarias dentro del almacén, por medio de la siguiente fórmula:

$$Ep = (Npv * L + (Npv + 1) * Dp + 2 * Ar) * (Npf * A + Npf * Df + 0.5 * Apa) * \frac{\frac{Fs}{Npv * Npf * Npa}}{Fu}$$

Donde:

Ep = Espacio requerido por *pallet*
Npv = Número de *pallets* por viga
Npf = Número de *pallets* por fila
Apa = Ancho de pasillo
Fs = Factor de seguridad
Npa = Número de *pallets* en altura
Fu = Factor de utilización
Dp = Distancia entre *pallets* dentro de la viga (7.5 cms)
Df = Distancia entre filas (25 cms)
Ar = Ancho de *rack*
L = Largo del *rack*
A = Ancho del *pallet*

CONCEPTO	DENOTACIÓN	UNIDAD DE MEDIDA	RACKS SIMPLE	DRIVE IN	RACK DOBLE
Número de *pallets* por viga	Npv	Pallets	2	5	2
Número de *pallets* por fila	Npf	Pallets	1	5	2
Ancho de pasillo	Apa	Centímetros	330	430	330
Factor de seguridad	Fs	%	10%	10%	10%
Número de *pallets* en altura	Npa	Pallets	4	4	4
Factor de utilización	Fu	%	90%	65%	80%
Distancia entre *pallets* dentro de la viga	Dp	Centímetros	7.5	-	7.5
Distancia entre filas	Df	Centímetros	25	20	25
Ancho de *rack*	Ar	Centímetros	7	7	7
Largo del *pallet*	L	Centímetros	120	120	120
Ancho del *pallet*	A	Centímetros	100	100	100
Metros Cuadrados / *Pallet*			1.23	0.85	0.99

Tabla 12 Cálculos de espacio requerido por pallet.

Fuente: Restrepo, 2012.

Para nuestro SIPROYD tenemos que calcular el área efectiva de carga y descarga, que va condicionada al número de puertas requeridas en los andenes y al tipo de unidades que realizarán las maniobras operativas dentro de las instalaciones. Por ejemplo:

Los tipos de puertas que se usar en el SIPROYD dependera del tipo de mercancía que se manipule:

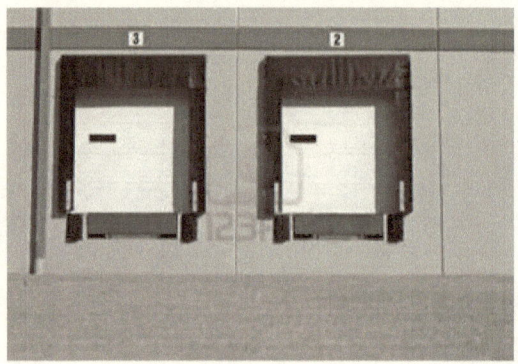

Ilustración 74 Tipos de puertas que se pueden diseñar para nuestro SIPROYD

Ilustración 75 puerta de muelle

Ilustración 76 puerta de muelle

En algunos SIPROYD, se puede manipular mejor la carga dejando únicamente el andén, esto es para facilitar el espacio. Por ejemplo, algunas empresas de mensajería prefieren poner en el muelle bandas transportadoras que ayuden a manipular la carga, sin colocar una puerta. Ahora bien las unidades de carga también son un factor, porque dependerá de la altura de las cajas, el tamaño del muelle.

Ilustración 77 Posición de puerta de muelle.

Las unidad es que pueden manejar carga en un SIPROYD pueden ser desde unidades pequeñas hasta unidad es grandes; dependerá de los requerimientos de carga de los proveedores que llegan.

Foto de contenedor al estacionarse, archivo personal (2015)

Por ejemplo:

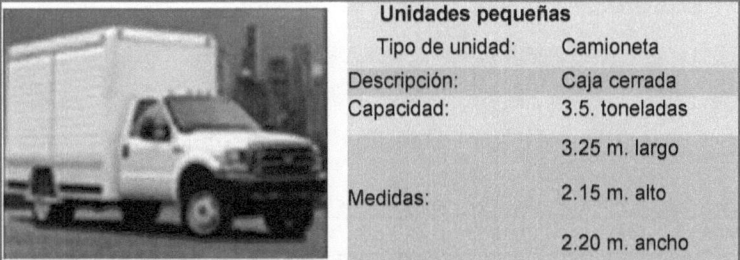

Unidades pequeñas	
Tipo de unidad:	Camioneta
Descripción:	Caja cerrada
Capacidad:	3.5. toneladas
	3.25 m. largo
Medidas:	2.15 m. alto
	2.20 m. ancho

Ilustración 78 camioneta.

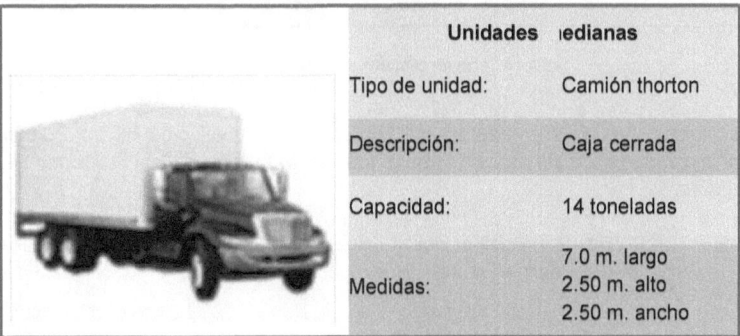

Unidades medianas	
Tipo de unidad:	Camión thorton
Descripción:	Caja cerrada
Capacidad:	14 toneladas
Medidas:	7.0 m. largo 2.50 m. alto 2.50 m. ancho

Ilustración 79 camión thorton.

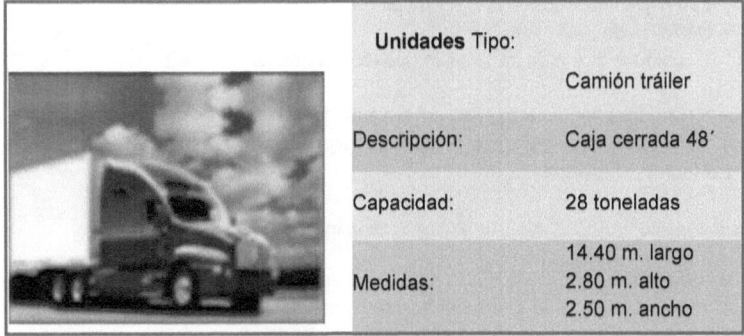

Unidades Tipo:	
	Camión tráiler
Descripción:	Caja cerrada 48´
Capacidad:	28 toneladas
Medidas:	14.40 m. largo 2.80 m. alto 2.50 m. ancho

Ilustración 80 camión tráiler

Fuente: Fletes, 2010.

Consideremos que para nuestro SIPROYD se requieren 20 puertas: 10 de carga y 10 de descarga, con base en nuestros requerimientos necesitamos saber el tipo de vehículo que requerimos que ingrese a nuestro SIPROYD, en base al volumen de carga de los pallets. Por ejemplo:

	Tabla de cálculos de área total requerida para los muelles						
No.	Tipo de unidad	No. de *pallets*	Largo (m)	Ancho (m)	Área requerida (m2)	Número de puertas requeridas	Área total requerida muelle (m2)
1	Grande	24	14.4	2.5	36	20	720
2	Mediana	12	7	2.5	18	20	350
3	Pequeña	8	3.25	3.3	11	20	215

Tabla 13 Tabla de cálculos de área total

Si seleccionamos una unidad grande, tenemos un área total requerida de 720 m2, con una posición de 20 unidades, cargando y/o descargando un total de 480 *pallets* en las posiciones de operación de los muelles.

Para nuestro SIPROYD es necesario definir las estructuras adicionales que necesitamos para diferentes aportaciones en las maniobras, por ejemplo:

1. Patio de maniobras
2. Caseta de vigilancia
3. Baños y/o vestidores hombre y mujer
4. Oficinas administrativas
5. Y cualquier otra área de servicio que requiera nuestro SIPROYD

Es indispensable contemplar áreas de crecimiento futuro, esto es por si la empresa supera la capacidad instalada y se requiere que se construya una infraestructura adicional; se debe de reservar para futuros proyectos.

Aspectos a considerar en el dimensionamiento de la infraestructura.

El dimensionamiento de un SIPROYD va en función del flujo de mercancía dentro del almacén, esto es para la determinación de la altura de la infraestructura; se tiene que considerar que cuando el volumen del almacenaje es de gran tamaño, se requiere una altura grande, pero cuando el proceso operativo requiere más las maniobras de *picking*, la altura se reduce, dado que, en un SIPROYD, entre mayor sea el flujo de la carga, los espacios se liberan más rápidamente.

La altura de un SIPROYD es un factor importante que delimita los costos de construcción de la infraestructura. Por lo tanto se tienen que evaluar las ventajas y desventajas a considerar cuando la altura de un SIPROYD es de mayor altura a una altura tradicional.

	A mayor altura	A menor altura
Costo del terreno	Más barato	Más caro
Costo de construcción	Más caro	Más barato
Costo de equipamiento	Más caro	Más barato
Costo operativo	Más caro	Más barato
Costo de mantenimiento	Más caro	Más barato
Número de personal	Menos personal	Más personal
Operación	Más lenta	Más rápida
Capacidad volumétrica	Mayor capacidad	Menor capacidad

Tabla 14 Ventajas y desventajas de la altura de una infraestructura.

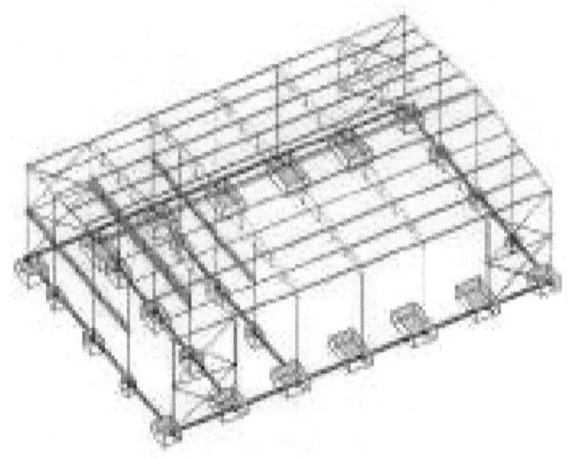

Ilustración 81 altura de un SIPROYD.

Fuente: Rodríguez, 2009.

Observando estas consideraciones, al desarrollar un SIPROYD la empresa se debe de plantear el mejor escenario, si requiere invertir en un gran terreno, o se piensa invertir en otros costos atendiendo las necesidades de la infraestructura.

Distribución de zonas de maniobras operativas.

Las condiciones específicas de los patios de maniobras deben de considerar la capacidad de maniobras de las unidades de transporte de carga del máximo tamaño que se va a permitir que entren a las instalaciones del SIPROYD, esto es, se deben de considerar los radios de giro que van desde 30 °, además, se tiene que considerar que para un semirremolque se debe de dejar un espacio de 5 m, mientras que para el de doble vía se contemplan 8 m.

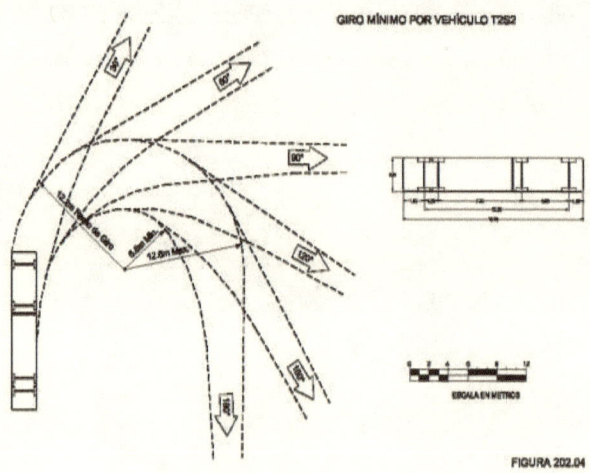

Ilustración 82 radio de giro de unidad

Fuente: Tecnología, 2013.

En los patios de maniobras se deberá de considerar dos aspectos fundamentales: una iluminación excelente y la implementación de un circuito cerrado de televisión, con la mayor cobertura posible.

Muelles: es necesario considerar que el muelle debe de seguir un padrón de acomodo con base en la asignación de espacios tanto en embarques como en recibo de un SIPROYD; esta sigue el esquema de tres zonas fundamentales:

1. Zona de Carga
2. Zona de Estacionamiento o Parqueo
3. Zona de Maniobras

A continuación se muestra una configuración de puertas con las zonas:

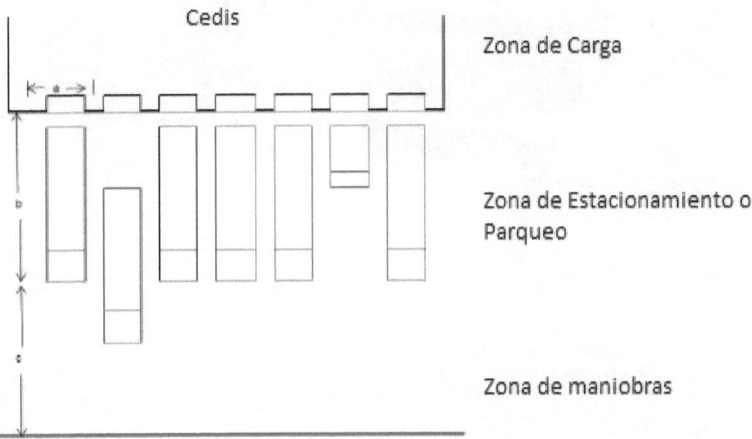

Ilustración 83 distribución del muelle.

Fuente: Restrepo, 2012.

La distribución de espacios va en función de las medidas mínimas que se deben de considerar para que las unidades realicen las maniobras en el menor tiempo posible. A continuación se muestra una clasificación de espacios.

Espacio mínimo para cajones de carga y/o descarga (m)				
Ancho	4	4	5	5
Largo	14	12	12	10

Simulación de un SIPROYD en AutoCAD 3D.

Con base en los temas anteriores y para concluir, se presenta la gráfica de nuestro terreno, como ha quedado distribuido con la estructuración en un programa de AutoCAD:

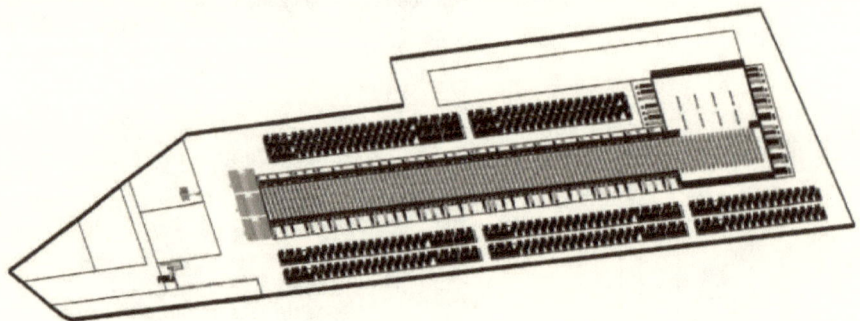

Ilustración 84 distribución de infraestructura en el terreno.

Elaboración propia en AutoCAD.

También se integra una simulación base que nos ayudará a entender la distribución de un SIPROYD que soporte grandes volúmenes de carga en imágenes de AutoCAD 3D:

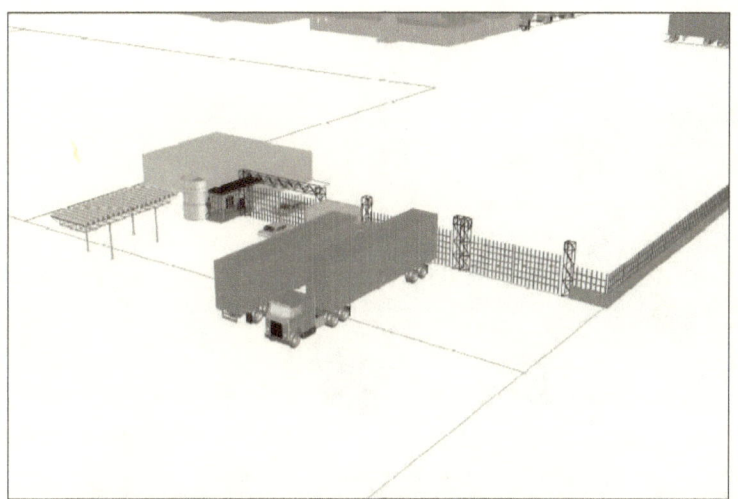

Ilustración 85 diseño del acceso y caseta de vigilancia.

Ilustración 86 área de oficinas, recibo y almacén

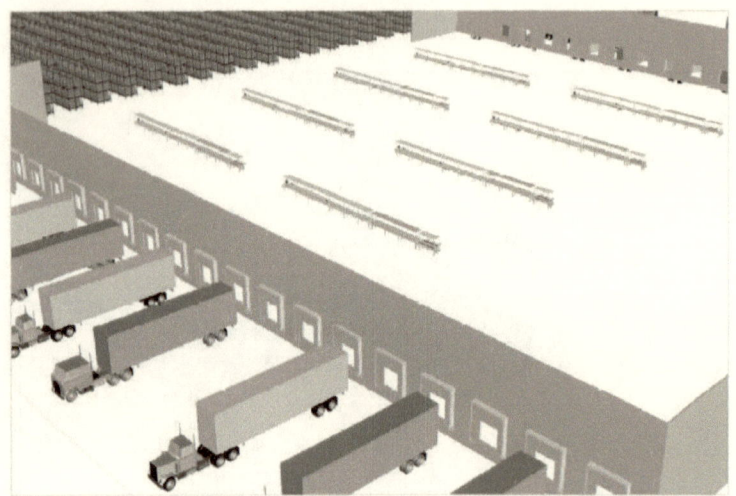

Ilustración 87 área de picking y embarques.

Ilustración 88 distribución del SIPROYD.

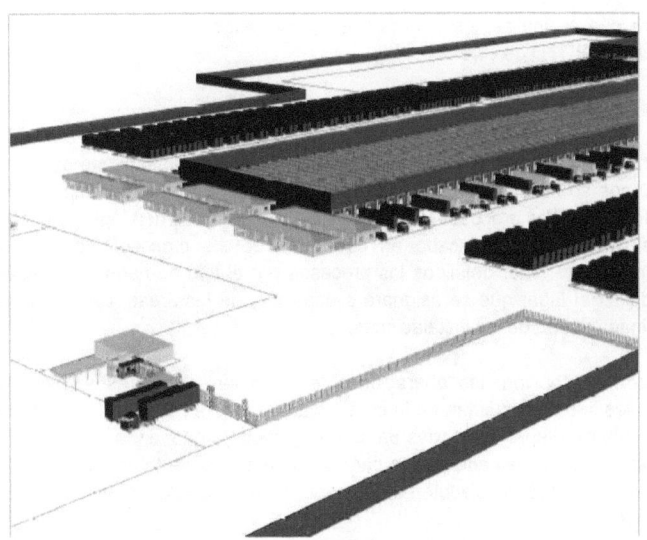

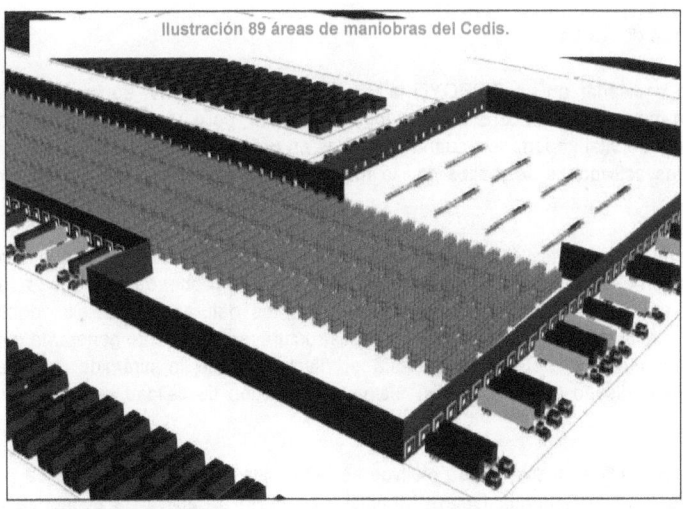

Ilustración 89 áreas de maniobras del Cedis.

Con el tratamiento del terreno y de la infraestructura, hemos logrado representar en 3D un SIPROYD que satisfaga las necesidades de una empresa importante, consiguiendo tener una herramienta para que al finalizar esta unidad, en la Actividad 2, seas capaz de desarrollar una simulación con un SIPROYD de este tipo.

3.2. Distribución de planta

Ahora que tenemos determinado el reparto del terreno y el dimensionamiento de la infraestructura del SIPROYD donde se llevarán a cabo cada una de las operaciones, es importante asignar los espacios de tal forma que los procesos y las actividades tengan un orden lógico e integral. Para que las operaciones que se llevan a cabo en cada uno de los procesos del SIPROYD, logren efectividad, es importante tener definidos los procesos por el tipo de negocio, pues por medio de esto podemos definir el lugar que se asignará a cada una de las áreas, vehículos, herramientas, equipos y maquinaria dentro de las instalaciones.

Sin una adecuada distribución, las operaciones tendrían severos retrasos, mermas e incluso, accidentes laborales que repercutirían en la compañía de manera negativa. Por ello buscamos que la distribución de planta integre las teorías de calidad y ayude a que, en la etapa de planeación, se puedan encontrar las posiciones adecuadas para cada elemento, de tal forma que las operaciones que se realizan en cada área, se ejecuten en el menor tiempo posible, de manera eficiente y con el mínimo de mermas.

3.2.1. Aplicación de las 5s

Cuando se va a diseñar en un SIPROYD la distribución de las áreas, equipos, herramientas y maquinaria, es muy importante considerar su lógica operativa, pero además el orden y la limpieza. Estos temas son de vital importancia cuando estamos en un área laboral, ya que necesitamos que cada una de las actividades se realice con la menor pérdida de tiempo, de manera ordenada y fluida.

Uno de los puntos importantes a considerar en el diseño de los SIPROYD, es lo que tiene que ver con los temas de **mermas**, **mantenimiento**, **efectividad en los procesos operativos**, **limpieza**, y **accidentes,** así como simulacros y siniestros por eventos naturales. Para ello, dentro de los procedimientos de la misma distribución de la infraestructura, es importante generar la cultura de la calidad, partiendo desde los directivos hasta el nivel base de la pirámide organizacional y acondicionando el diseño para facilitar un Sistema de gestión de calidad dentro de las mismas instalaciones.

Una técnica efectiva que busca estos objetivos es la técnica de las 5S desarrollada por William Deming, después de la Segunda Guerra Mundial, con el fin de activar la economía de Japón, devastada por las consecuencias de la guerra. Utilizó las características de la cultura japonesa e incorporó ésta en la visión del negocio.

El objetivo de esta técnica es que, desde el diseño, aprovechemos el desarrollo y la aplicación de lineamientos para que nuestro SIPROYD sea lo más efectivo posible y no incurramos en costos innecesarios o en procesos que pueden realizarse de forma compleja, además de que aseguremos un adecuado ambiente laboral.

Para poder entender que son las 5s revisemos algunas definiciones:

Francisco (2005) dice que las 5S e consiste en un programa de trabajo de talleres y oficinas en el que se desarrollan actividades de orden/limpieza y detección de anomalías en el puesto de trabajo.

Sibaja (2002) lo define como una técnica japonesa para aumentar, mantener y mejorar sistemáticamente el orden y la limpieza, y al mismo tiempo, mejorar la calidad y el ambiente laboral, mediante el compromiso de todos sus participantes.

La denominación de las 5S es una abreviación de cinco palabras que en japonés inician con la pronunciación S; son cinco principios que engloban la filosofía del programa y son:

1. 整理 (*Seiri*): En español los diferentes autores le dan significados tales como: la organización, organizar y seleccionar, eliminar lo innecesario.

Francisco (2005) lo define como organizar y seleccionar; la idea es organizar todos los elementos y separar lo que sirve de lo que no sirve.

Mientras que Cuatro casas (2010) lo define como la organización que nos dice que hay que disponer los puestos de trabajo con los elementos que les son propios, eliminando aquello que no tiene utilidad en ellos o a su alrededor, y que en realidad estorban.

Otra definición la proporciona Sibaja (2002), en su explicación dice que esta palabra la podemos entender como: "Bote lo innecesario". Para ello, debemos de identificar los objetos innecesarios o aquéllos que están por mucho tiempo almacenados y no se requieren.

La idea principal de este principio es clasificar todos los elementos físicos que intervienen en cada una de las áreas, por utilidad y frecuencia de uso, e identificar aquello que no es indispensable para el desarrollo de las actividades. Esto con el fin de optimizar los espacios, y tener una clasificación de todo aquello que se usa para después proporcionarle un lugar estratégico.

  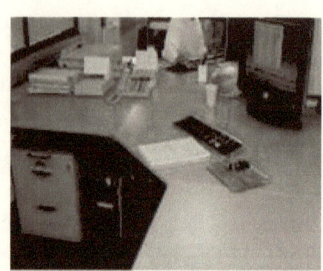

Ilustración 90 referente a Seiri (Organizar el área de trabajo).

2. 整頓 (*Seiton*): La interpretación que se le brinda en principio está basada en los conceptos: ordenar, orden y acomodar.

Francisco (2005) nos dice que es ordenar, tirando lo que no sirve y estableciendo normas para establecer el orden de cada objeto. Hay que publicar estas normas con la intención de que todos las conozcan.

Cuatro casas (2010) lo define con la palabra Orden. Afirma que, una vez organizados los elementos que componen el puesto de trabajo, deben ordenarse para que pueda ser identificada de manera rápida, la ubicación de cada uno de ellos.

Sibaja (2002) lo interpreta con la palabra Acomodar. La esencia es poner los objetos necesarios en orden, de tal manera que sean accesibles al momento de requerirlos.

Para nosotros *Seiton* nos dice que hay que definir la ubicación para cada objeto de tal forma que la accesibilidad a éstos sea sencilla y con base en su frecuencia de uso. Además, hay que considerar las reglas que definimos para la ubicación y uso de cada objeto.

Algo muy interesante que observamos en este principio es que podemos usar la misma logística de inventarios, tanto para los objetos que empleamos en las actividades laborales, como para la administración de la mercancía en el almacén o SIPROYD. Esto quiere decir que podemos implementar un *Just in time*, o un modelo de inventario PEPS (primeras en entrar, primeras en salir) para etiquetar y ubicar los equipos, herramientas, vehículos, papelería, documentación, archivos y todo aquello que usamos en nuestras actividades para ubicar, usar y reponer cada uno de los elementos que participan en nuestra área de trabajo.

Ilustración 91 referente a Seiton (Ordenar el área de trabajo).

Fuente: Google imágenes (2013).

3. 星奏 (*Seiso*): Conceptualizado como limpiar, limpieza, limpiar completamente, en donde podemos observar que es un solo enfoque.

Francisco (2005) nos dice que limpiar, no se enfoca sólo a mantener sin suciedad el área y herramientas de trabajo, sino también a identificar de dónde proviene la suciedad. (Cuatro casas, 2010) lo interpreta como "limpieza" que implica que todos los elementos que componen el lugar de trabajo deben estar permanentemente limpios, y en orden de funcionamiento.

Para Sibaja (2002) significa limpiar completamente el área de trabajo; comenta también que en diferentes organizaciones se dedica cierto tiempo a la limpieza y reparación de los daños, involucrando en esta labor a todos los empleados.

Ahora bien, ¿qué implica *Seiso*? No es sólo el hecho de mantener limpias las áreas y todos aquellos objetos que utilizamos en un SIPROYD; es también asegurar que la vida útil de los activos de la empresa alcancen las especificaciones previstas por el proveedor y asegurar que las operaciones se realicen de manera eficiente y segura, pues los daños provocados por la falta de limpieza se ven reflejados en el mantenimiento y también en la productividad de la mano de obra, pues el ambiente laboral no es el adecuado.

Ilustración 92 referente a Seiso (Limpieza en el área de trabajo).

Fuente: Google imágenes (2013).

4. 清洁 (*Seiketsu*): Mantener la limpieza, estandarización, mantener estándares.

Francisco (2005) nos dice que este principio se refiere a mantener la limpieza a través de gamas y controles. Esto se lleva a cabo distinguiendo una situación normal de una anormal, mediante normas sencillas y visibles para todos.

Cuatro casas (2010) lo define como estandarización, que son los procedimientos para alcanzar los objetivos de las tres primeras "S".

Sibaja (2002) comenta que es el mantenimiento de estándares, y que esto se logra a través de la definición de dichos estándares y su divulgación en todas las áreas o departamentos participantes.

Entonces, *Seiketsu* es un principio que lleva a la definición de los estándares, las normas y los procedimientos, insertando cada estándar en una cultura de orden y limpieza para cada uno de los departamentos, áreas y puestos de trabajo que conforman la compañía.

Ilustración 93 referente a Seiketsu (Estándares, normas y procedimientos el área de trabajo).

5. 躾 (*Shitsuke*): Rigor en la aplicación de consignas y tareas, disciplina, entrenar las buenas prácticas de orden y limpieza.

Francisco (2005) define este principio como el rigor en la aplicación de consignas y tareas, mediante la inspección cotidiana en hojas de control; como la mejora continua de las actividades respecto a los estándares, con el fin de asegurar el buen funcionamiento de los equipos. Para este autor son indispensables el entrenamiento, la disciplina y la autonomía.

Sibaja (2002) nos dice que es el entrenamiento en las buenas prácticas de orden y limpieza, a través de la capacitación continua, con el fin de que se sigan los procedimientos con disciplina y autonomía.

Shitsuke es un requisito indispensable para la implementación y éxito de cualquier procedimiento. Es necesario inculcar la disciplina en cada uno de los integrantes de la empresa para llevar a cabo cada uno de los pasos estipulados para cada acción y actividad. Otro aspecto fundamental es la autonomía, que no es otra cosa que el convencimiento de cada integrarte para llevarlo a cabo de manera mecánica. Una de las acciones que se deben llevar a cabo para poder asegurar este principio es la capacitación y el convencimiento que se da a cada empleado.

Ilustración 94 referentes a Shitsuke (Capacitación constante el área de trabajo)

Fuente: Google imágenes (2013).

Ya vimos lo que implica cada uno de los principios de las 5S. Parece sencillo, sin embargo es importante que cada una de las áreas y los procedimientos que se llevan a cabo dentro de éstas, estén bien definidos. Como puedes darte cuenta, revisaste esto desde la primera unidad, cuando viste cómo se determinan los procedimientos, actividades y tareas que se llevan a cabo en el SIPROYD, además de analizar que dentro de éstas, van implícitas cada una de las directrices de la empresa (misión, visión, objetivos y políticas).

También revisaste de manera general aquellas máquinas, herramientas, vehículos y utensilios que son indispensables para la operación. Con base en esto, puedes identificar los aspectos que se involucran con el programa de las 5S y que para su diseño son necesarios.

Cuatro casas (2010) comenta que la aportación del programa de las 5S es directamente proporcional a la eficiencia, basándose en la organización, el orden, la limpieza, la estandarización, y la disciplina, y conduciendo a la empresa al ahorro de recursos y actividades inútiles.

Francisco (2005) nos dice que el desarrollo se lleva a cabo por etapas, y cada etapa, por las tareas comunes a las 5s. La siguiente es una tabla muestra:

	(1) Limpieza inicial	(2) Optimización	(3) Formalización	(4) Continuidad
Organización y selección	Separar lo que sirve de lo que no sirve	Clasificar lo que sirve	Implantar normas de orden en el puesto	Estabilizar y mantener lo alcanzado en las etapas anteriores
Orden	Tirar lo que no sirve	Definir la manera de dar un orden a los objetos	Colocar a la vista las normas así definidas	Practicar la mejora
Limpieza	Limpiar las instalaciones/ máquinas/ equipos	Identificar focos de suciedad y localizar los lugares difíciles de limpiar y buscar una solución	Buscar las causas de suciedad y poner remedio para evitarlas	Cuidar el nivel de referencia alcanzado
Mantener la limpieza	Eliminar todo lo que no sea higiénico	Determinar las zonas sucias	Implantar y aplicar las gamas de limpieza	Evaluar (Auditoría 5S)
Rigor en la aplicación	Acostumbrarse a aplicar la 5S en el seno del puesto de trabajo y respetar los procedimientos en vigor en el lugar de trabajo			Hacia el taller/oficina ideal

Tabla 15 Etapas de 5s.

Fuente: Francisco, 2005.

Como puedes darte cuenta, cada uno de los aspectos mencionados está dirigido a empresas o instalaciones que ya están en operación, pero ¿para qué es útil dentro de la planeación y el diseño de un Sistema producción - distribución?

La importancia de considerarlo recae en la optimización del diseño y de los costos, para que desde la planeación, los objetos a utilizar sean estrictamente los necesarios y que dentro del diseño, cada objeto tenga un lugar destinado dentro de los espacios. También para que la lógica del flujo esté definida de tal forma, que las operaciones sean efectivas y la distribución de todo lo que es indispensable en la operación nos facilite su mantenimiento y limpieza. A continuación te mostramos una tabla en donde podrás observar cómo se interpreta cada principio dentro de la planeación y diseño del SIPROYD.

Principio 5S	Interpretación general	Interpretación para integrarlo en el diseño
整理 (*Seiri*)	Clasificación de objetos por utilidad y frecuencia de uso	Esta clasificación se lleva a cabo ya que se está operando, pero en nuestro caso partiremos desde el diseño y la planeación, por lo que comenzaremos del análisis logístico, en el que se realiza la descripción de las actividades en cada una de las áreas. Esto nos permitirá determinar cada uno de los elementos indispensables para llevar a cabo las actividades y por ende, a no considerar aquellos elementos que no se utilicen. Además, con esta información y el análisis de los procesos, podemos determinar de una manera más adecuada la frecuencia de uso de cada una de las herramientas, vehículos, maquinarias y equipos, incorporando también documentación, archivos, etc.
整頓 (*Seiton*)	Ordenamiento por criterios	Este principio nos dice que debemos dar un concepto gráfico que nos permita ordenar y clasificar cada uno de los objetos que intervienen en nuestro lugar de trabajo, exactamente lo que se hace en un almacén con las mercancías, donde las ubicaciones están bien definidas e inventariadas. Dentro de la planeación del SIPROYD no sólo debemos de dar un *layout* y un sistema de inventarios a la mercancía; también debemos de incorporar esta logística a cada uno de los elementos que integraran nuestra área de trabajo, de tal forma que nos permita ser eficiente en nuestras labores. Esto quiere decir que si en nuestra área de trabajo tenemos mobiliario, papelería, equipos y archivos, cada uno de estos debe de tener un lugar específico y estar debidamente identificado por todos dentro del mismo diseño.

Principio 5S	Interpretación general	Interpretación para integrarlo en el diseño
星奏 (*Seiso*)	Limpieza estandarizada localización de focos generadores suciedad	Seiso nos dice que se debe tener continuidad en las y labores de limpieza, de tal forma que la misma frecuencia ayude a identificar aquellos puntos que generan mayor de cantidad de desperdicio. Con el análisis de las actividades se pueden determinar dentro de la misma planeación los periodos de limpieza, tanto para operaciones como para las áreas administrativas, y con base en el tipo de trabajo, determinar los focos rojos donde se genera mayor cantidad de desperdicio. En un SIPROYD la limpieza debe de tener frecuencias cortas de acuerdo al tipo de trabajo que se realiza, considerando, por ejemplo, que se rompen playos, cajas o tarimas, que se derrama producto o que se genera merma, ya que esto interfiere de manera crítica en la fluidez de las actividades.
清洁 (*Seiketsu*)	Mantenimiento de la limpieza a través de estándares	Este principio nos dice que se deben establecer estándares de orden y limpieza, involucrando a cada uno de los empleados. Por ello, en la planeación del SIPROYD, esta parte se debe de considerar dentro de la descripción de puestos de cada uno de los colaboradores en cada uno de los niveles así como en cada uno de los procedimientos, a fin de asegurar el cumplimiento del programa 5S. Así entonces, por ejemplo, dentro del *piking* se puede establecer en el procedimiento que, mientras un operador está consolidado un pedido, otro se encuentra realizando la limpieza y acomodando los desperfectos, de tal forma que el orden y la limpieza sea constante durante todo el periodo de trabajo.
躾 (*Shitsuke*)	Control, evaluación y capacitación en aplicación de estándares	Dentro de la implantación del programa de las 5S, se nos la dice que para poder asegurar el éxito, es indispensable los asegurar la disciplina, por lo que los controles mediante formatos y la capacitación, son indispensables. Para ello, dentro de la planeación, se debe asegurar que el programa 5S ya esté incluido en las actividades, procesos y descripciones de puestos, de tal manera que en la generación de los KPI's (Indicadores Clave de Desempeño) se puedan medir y evaluar.

Tabla 16 Aplicación de las 5S en el diseño de un SIPROYD.

Esta tabla te muestra cómo debes visualizar la aplicación de las 5´S. Para ello, en el diseño de los procesos de las operaciones del SIPROYD, es importante que estén implícitos como parte de las actividades a desarrollar, de tal forma que *Seiri* y *Seiton*, sean pasos que no se deban de llevar a cabo sobre la operación, sino que ya sean parte del mismo diseño del área. En cuanto a *Seiso* y *Seiketsu*, deberán ser programadas dentro de cada una de las labores que desarrolla el personal. *Shitsuke* es el indicador que nos dirá qué tan bien se están llevando a cabo estas labores y éste se debe implementar dentro de la evaluación de los procedimientos que realiza cada departamento y colocarse como un KPI para ser tener mayor efectividad.

3.2.2. Método de distribución de planta

La distribución en planta consiste en la ordenación física de los factores y elementos industriales que participan en el proceso productivo de la empresa (Isabel, 2005).

Mientras que Vallhonrat (1991) nos dice que la distribución de planta consiste en determinar la posición, en cierta porción del espacio, de los diversos elementos que integran el proceso productivo.

Huertas (2008) nos explica que la distribución de planta comprende la determinación de la ubicación de los departamentos, de las estancias de trabajo, así como la localización de las máquinas y de los puntos de almacenamiento de una instalación productiva.

Cuando hablamos de distribución de planta nos referimos a la forma óptima de colocar cada objeto dentro de un espacio, de tal forma que su ubicación sea estratégica y facilite la fluidez en los procesos dentro de las actividades, minimice costos, aumente la productividad y mejore el clima laboral, además de establecer una imagen corporativa agradable para el mercado.

Vallhonrat (1991) comenta que podemos distinguir diferentes formas en la distribución de planta, entre las que se encuentran:
  A. De proyecto singular
  B. Por grupos de trabajo
  C. Por proceso u orientadas al proceso
  D. Por producto u orientadas al producto

De esta clasificación sólo tomaremos las que están orientadas al proceso y al producto, pues en el diseño de un SIPROYD sólo aplican éstas. La distribución de la planta está determinada por el **proceso,** que es una técnica que enfoca las ubicaciones con base en las actividades y funciones de cada uno de los departamentos, juntando en un espacio al personal, las herramientas, la maquinaria y el equipo en sus áreas. En este tipo de distribución, la mercancía se mueve dentro de las áreas hasta completar el ciclo determinado; en este caso podríamos hablar a partir de su llegada y recibo, hasta su salida por el área de embarque y patios.

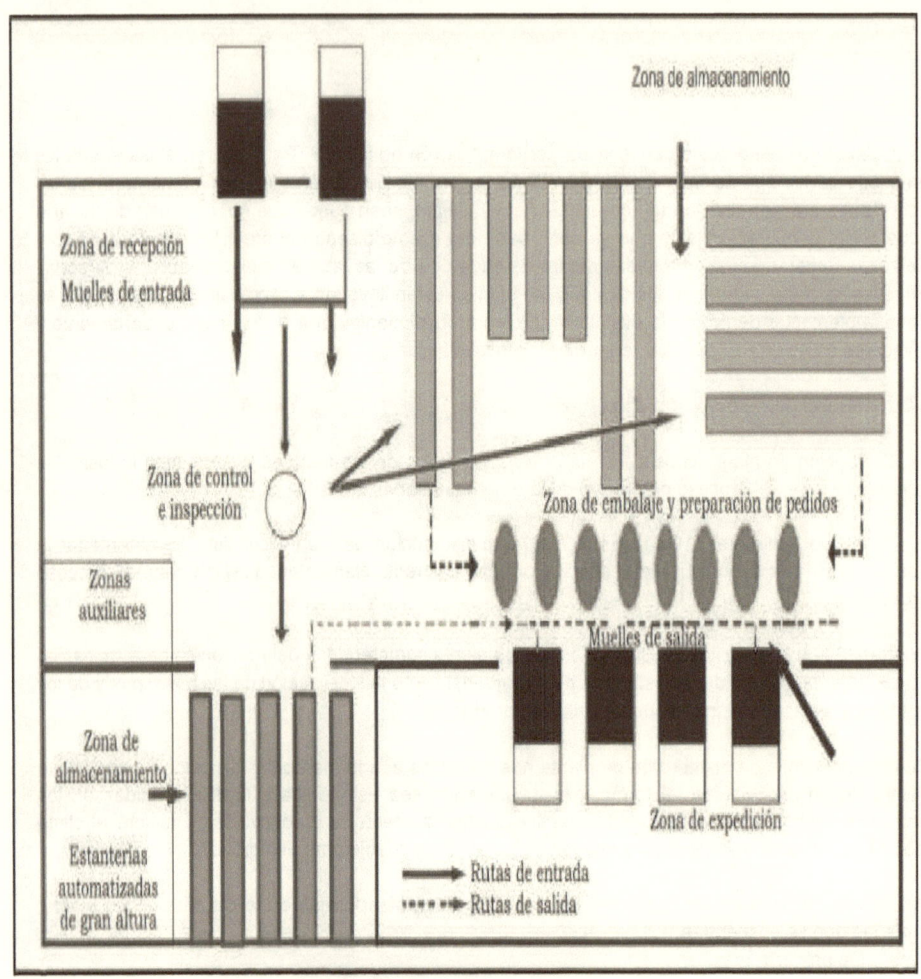

Ilustración 95 distribución de planta por proceso.

Fuente: Imágenes de Google (2013).

La distribución de planta por **Producto** está orientada a la ubicación de los elementos con base en la trayectoria que deberán seguir las mercancías, desde su llegada, hasta la salida del SIPROYD.

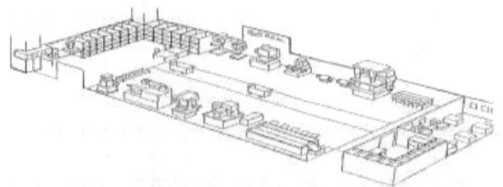

Ilustración 96 distribución de planta por producto.

Fuente: Imágenes de Google (2013).

En la distribución de planta es fundamental contar con la información, por lo que el análisis realizado en la primera unidad te servirá de base para comenzar con la determinación de la metodología a utilizar para calcular las ubicaciones.

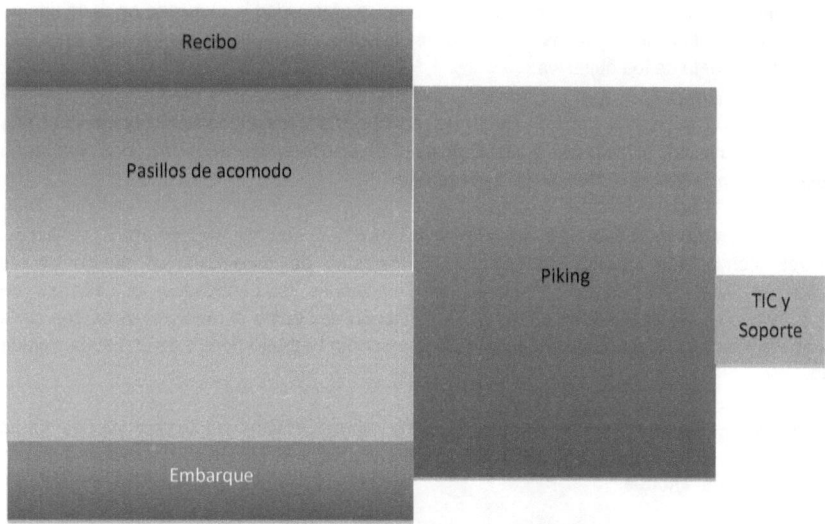

Ilustración 97 distribución de áreas de un SIPROYD.

En este esquema puedes visualizar las diferentes áreas en un SIPROYD, con el flujo que tienen las mercancías desde su llegada hasta la salida de las instalaciones.

Empezaremos primero por revisar el método SLP (*Systematic Layout Planning*) de Richard Muther, que busca organizar los proyectos con base en el sistema donde sus procesos y restricciones están divididas en fases, de tal forma que se puedan identificar todos los elementos que intervienen en el espacio.

¿Cuáles son los elementos que conforman la metodología SLP? En la traducción a nuestro idioma se tienen cinco elementos que dan solución al problema de ubicación de los equipos en un espacio.

1. La mercancía y productos (P): que es la cantidad a producir o a comprar, incluyendo otros accesorios necesarios para la operación.
2. Las cantidades, volumen o niveles de inventario (Q): nos referimos al número de artículos que se van a manejar en la operación, tanto en los procesos como en el almacenamiento.
3. El flujo o proceso (R): es el proceso y la determinación de las secuencias en su operación.
4. Servicios auxiliares: son aquellas actividades necesarias para llevar acabo las operaciones, aunque éstas sean complementarias, por ejemplo los servicios de limpieza, mantenimiento etc.
5. El tiempo (T): esta es la variable que determina la efectividad e interviene en cada uno de los elementos mencionados, con esto se determina la duración de los procesos y el cumplimiento de los objetivos.

En la distribución de planta también debemos de considerar aspectos como la relación que guardan los procesos, actividades y resultados entre las diferentes áreas; algunos autores lo manejan como **relaciones** o **niveles de interacción.**

Otro aspecto fundamental está determinado por los muebles, equipos, herramientas, vehículos, *racks*, así como todo aquello que ocupe una cantidad de espacio físico dentro de las instalaciones. Aquí debemos de considerar sus dimensiones, las cantidades por cada uno de ellos, su función y las actividades en las que intervienen, así como el mantenimiento que se le proporciona y su frecuencia. Este aspecto lo conocen como **Espacio** dentro de la distribución de planta.

Por último, debemos de asignar el espacio de forma integral, efectiva e intercomunicada, de tal forma que realicemos primero una simulación de las ubicaciones físicas en condiciones reales, llamándose a ésta: **ajustes.**

Para poder llevar a cabo la metodología SLP se deben de seguir tres fases primordiales. Como primer paso se debe definir la **localización,** que en la distribución de planta es el espacio que se va a organizar; en nuestro caso será el terreno en primera instancia y posteriormente, la distribución dentro de las instalaciones.

Ahora, como segundo paso, se debe generar, con base en los procesos, un **plan de distribución**, de tal forma que de acuerdo a las dimensiones del terreno y de la infraestructura física, se establezcan las mejores posiciones de construcción para la ubicación efectiva de los departamentos y áreas que conformarán el SIPROYD y para la ubicación de maquinaria, equipos y herramientas. Recuerda que para poder realizar este paso debes de apoyarte en el análisis de los procesos logísticos y de las actividades que se llevan a cabo dentro del SIPROYD.

Como tercer paso se colocan los objetos de la forma como se estipuló en el plan, con el fin de determinar si es necesario realizar algún ajuste a éste.

Para poder realizar mejor el análisis de distribución de planta, se utilizan diferentes esquemas que permiten visualizar de mejor forma la lógica con la cual se busca la ejecución óptima de las operaciones dentro de una instalación.

De acuerdo con Cabrera (2000), para poder realizar un análisis de los recorridos que realizan las mercancías dentro de una instalación, nos podemos apoyar de diferentes diagramas que se estructuran con base en P y Q.

- Diagrama de recorridos sencillos: éste aplica para aquellas instalaciones que van a manejar pocos sku´s (unidades de mantenimiento de existencias)
- Diagrama de recorrido multiproducto: aplica cuando la cantidad de sku´s es muy grande.
- Tabla matricial: de acuerdo con Cabrera (2000) es recomendable cuando se producen diferentes productos en pequeñas cantidades.

Existen muchos métodos para determinar la cercanía de las áreas, desde complejos logaritmos hasta entrevistas y análisis de experiencias de gente que cuenta con muchos años en el medio. Uno de los métodos más utilizados es la matriz de interrelación que busca, por medio de ponderaciones, identificar cuáles son las áreas que por proceso deben de estar más cercanas buscando la eficiencia en tiempo y valorar las frecuencias de trabajo dependiente entre éstas.

Ubicaciones:	Oficina Principal	Planta de Producción	Oficina A	Base de Ventas	Oficina de Ventas 1	Oficina de Ventas 2	Oficina de Ventas 3
Unidades Organizacionales:	1	2	3	4	5	6	7
1. Presidente		●					
2. Finanzas y Administración		●					
3. Producción			●				
4. Ventas				●	●	●	●
5. Mercadeo			●				
6. Investigación y Desarrollo		●					
7. Planeación		●					
8. Contabilidad		●					
9. Manejo de Caja		●					
10. Inversiones		●					
11. Compras			●				
12. Medios		●					
13. Desarrollo de Recursos Humanos		●					
14. MIS		●					
15. Legal		●					
16. Producción			●				
17. Seguridad de Calidad			●				
18. Empaque			●				
19. Administración de Materiales			●				
20. Zonas de Ventas				●			
21. Servicios al Cliente				●	●	●	●
22. Educación al Consumidor				●			
23. Procesamiento de Pedidos				●			
24. Administración del Producto				●			
25. Relaciones Públicas				●			
26. Investigación de Mercado				●			
27. Distribución			●				
28. Ingeniería			●				
29. Investigación			●				
30. Producción de Prototipo			●				
31. Laboratorio de Prueba			●				

Tabla 17 matriz de ubicación de áreas.

Fuente: Imágenes de Google (2013).

Matriz para determinar la cercanía de las áreas del SIPROYD.

	Recibo	Picking	Embarque	Tráfico	Gerencia	RH	Compras	Tic y Soporte	Calidad	Seguridad y protección civil, limpieza
Recibo		A1	E1	A1	A3	O6	A1	A1	A1	O4
Picking	A1		A1	I1	O3	O6	U3	I4	O1	I1
Embarque	E1	I1		A1	I3	O6	U3	I4	O1	I1
Trafico	A1	I1	A1		A1	O6	A2	I4	O1	I1
Gerencia	A3	O3	I3	A1		E6	A1	A3	E3	E6
RH	O6	06	O6	O6	E6		U6	U6	U6	E6
Compras	A1	U3	U3	A2	A1	U6		I3	A5	U2
Tic y Soporte	A1	I4	I4	I4	A3	U6	I3		E2	A1
Calidad	A1	O1	O1	O1	E3	U6	A5	E2		A1
Seguridad y Protección civil, limpieza	O4	I1	I1	I1	E6	E6	U2	A1	A1	

Tabla 18 Matriz de análisis de interrelación de actividades.

Tablas de evaluación y verificación

Valor	Cercanía
A	Absolutamente necesario
E	Muy importante
I	Importante
O	Normal
U	Indiferente
X	No necesario

Código	Razón
1	Secuencia de proceso
2	Flujo de mercancías
3	Gestión y documentación
4	Autorizaciones
5	Clientes y proveedores
6	Empleados y actividades

Este es un ejemplo, y que en el estudio que se haga se debe analizar cada una de las áreas que se piensa colocar dentro y fuera de las instalaciones.

Es recomendable que este análisis lo realicemos después de tener definidos los procesos tanto operacionales como administrativos, ya que ello nos permitirá identificar con mayor claridad el nivel de importancia de la cercanía entre las áreas, además de comprender qué tipo de relación existe entre cada una de ellas y su nivel de dependencia por el tipo de función realizan.

En esta imagen podrás observar cuatro áreas operativas que, por su cercanía y posición determinan la efectividad operacional de un SIPROYD.

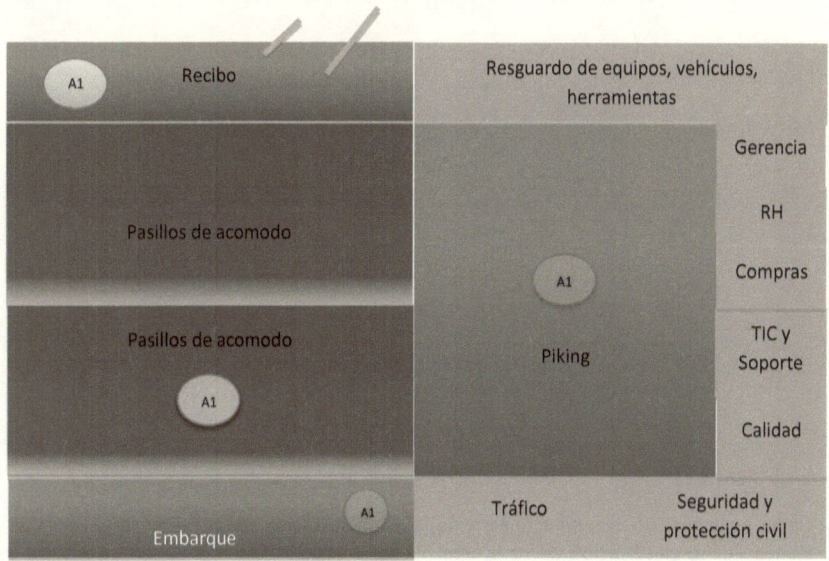

Ilustración 98 identificación de áreas estratégicas por la cantidad de operaciones

Una vez terminada la matriz, debes generar un esquema que te permita visualizar cómo quedarían las áreas una vez que tengas las prioridades de cercanía entre éstas.

3.2.3. Ubicación de maquinaria, equipos y herramientas

Para poder determinar la posición de los diferentes objetos que se utilizarán en cada una de las áreas, es necesario analizar los procesos y las secuencias de los movimientos que realizarán los trabajadores.

Una técnica muy útil para el estudio de las acciones que realizan los trabajadores es el llamado estudio de tiempos y movimientos, que es una combinación de los estudios realizados por Fred Taylor y Frank B. Gilberth. Estos dos autores desarrollaron diferentes estudios con el fin de analizar los procesos que se llevan a cabo dentro de una instalación.

Ilustración 99 SIPROYD vacía

Fuente: Google imágenes (2013).

Taylor basó sus estudios en el análisis de la estandarización de las herramientas usadas en la fábrica, en la clasificación de cada uno de los productos elaborados, en el análisis de las trayectorias de los obreros por tipo de trabajo y en el pago de cada actividad de acuerdo al nivel de complejidad del trabajo y al tiempo que se le invierte.

(Ramírez, 2002) comenta que Taylor formuló siete principios que engloban su método para la organización del trabajo:

1. Estudio y sistematización de los conocimientos de cada trabajo
2. Selección científica de los trabajadores
3. Adiestramiento y capacitación del trabajador
4. Colaboración de la dirección con los trabajadores
5. Creación de un ambiente de cooperación mutua

6. División de la responsabilidad entre la dirección y los trabajadores
7. Supervisión especializada

El primer principio nos dice que se debe realizar un análisis de las actividades que desarrolla cada trabajador, lo cual permite establecer el proceso que se llevará a cabo por cada tipo de actividad, y transmitir éste a nuevos empleados.

El segundo principio refiere a la selección del personal de acuerdo a las características y a las necesidades del puesto, ya que de acuerdo con Taylor se deben tomar las características y aptitudes del empleado.

Taylor en su tercer principio integra el estudio de los procesos que se llevan a cabo en las actividades de los empleados y la selección de los nuevos trabajadores. Establece que la capacitación al nuevo personal es de vital importancia para la operación efectiva de la fábrica.

El principio número cuatro nos dice que cada una de las jefaturas debe de asegurar que cada una de las actividades se realiza con base en los procesos establecidos.

El número cinco menciona la importancia de establecer la comunicación de los directivos con cada uno de los trabajadores, con el fin de integrar los objetivos en la ejecución del trabajo.

El principio número seis nos habla sobre la división del trabajo que establece la responsabilidad para cada puesto, permitiendo la especialización de los empleados en sus labores.

El principio número siete nos dice que se debe establecer una supervisión especializada de acuerdo a las actividades que se realizan dentro de una fábrica.

El estudio de tiempos y movimientos es una técnica que nos permite analizar los movimientos que realiza un trabajador en el desarrollo de sus actividades dentro de su área de trabajo, y con cada una de las herramientas, maquinarias o equipos que utiliza para llevarlo a cabo.

Ilustración 100 proceso de picking

Fuente: Google imágenes (2013)

Los principios del estudio de tiempos y movimientos de acuerdo a Ramírez (2002) son:

a) Encontrar la manera más económica de hacer el trabajo
b) Estandarizar los métodos o materiales, los instrumentos y los equipos
c) Determinar el tiempo que una persona calificada y debidamente entrenada emplea en la ejecución del trabajo
d) Asistir y entrenar al trabajador en la utilización de métodos apropiados
e) Simplificar las operaciones al máximo

Para aplicar un estudio de tiempos y movimientos dentro del sistema producción - distribución hay que tomar en cuenta el estudio logístico que se realizó en la primera unidad ya que esto nos permitirá analizar las actividades que se llevan en cada una de las áreas, el organigrama general y por cada área, las funciones y las actividades que se llevan a cabo en cada uno de los puestos así como las herramientas, equipos, vehículos y utensilios necesarios para la operación.

De acuerdo a (Ramírez, 2002) la escuela de Taylor utiliza las Cartas de análisis de procesos, formato en el cual se utilizan símbolos para describir la lógica de los éstos. Los símbolos son:

◯   Significa operación
▭   Significa inspección
△   Significa demora o almacenamiento
⟶   Significa transporte o movimiento

Para poder describir su utilidad en el análisis de la ubicación de las maquinarias, equipos y herramientas, ejemplificaremos el análisis de la actividad del puesto de un operador del área de *picking*, con el fin de observar la metodología usada en el estudio de tiempos y movimientos. Este puede ser tan sencillo o complejo, según las necesidades de estudio.

En nuestro caso colocaremos las actividades más relevantes, pero sin duda para tener un mejor resultado, se debe ser lo más detallado posible.

Ilustración 101 operador manual de picking.

Fuente: colección propia (2015).

Proceso actual	x		Fecha	
Proceso propuesto			Equipo	Botas industriales, overol, guantes, faja, equipo de voz
Área	*Picking*		Vehículos	Patín eléctrico, patín manual.
Actividad	Preparación de pedidos por voz		Herramientas	Playo, Cinta canela, cuter, bolígrafo.
Puesto	Operador			

Distancia en metros	Tiempo en minutos	Tipo de proceso	Descripción
	10	● ⇨ △ ▢	Operador se coloca equipo
20	5	○ ⬛ △ ▢	Operador se traslada por su patín eléctrico
	1	● ⇨ △ ▢	Operador enciende equipo de voz y solicita pedido
5	1	● ⇨ △ ▢	Operador coloca tarima vacía a patín
3	1	○ ⬛ △ ▢	Operador se traslada al pasillo y posición indicada
1	5	● ⇨ △ ▢	Toma número de unidades de mercancía indicada y acomoda en tarima
	1	○ ⇨ △ ■	Operador confirma operación por voz y espera la indicación del nuevo pasillo y ubicación
1	1	○ ⬛ △ ▢	Se traslada al nuevo pasillo y ubicación
	1	○ ⇨ ▲ ▢	Operador terminar surtido de pedido y confirma por voz
	3	● ⇨ △ ▢	Realiza emplayado de tarima
	1	● ⇨ △ ▢	Genera códigos y coloca en tarima
5	4	○ ⬛ △ ▢	Traslada pedido al área de embarque
			Confirmaalta en sistema
35	34	● ○ ⇨ △ ■	**Total**

Tabla 19 Representación gráfica del proceso.

Este es un ejemplo sencillo de la forma de analizar la actividad de un empleado dentro de su área de trabajo, en distribución de planta determinamos cómo ubicar las áreas en un espacio, ahora nuestra tarea consiste en definir la mejor posición para cada uno de los objetos estrictamente necesarios, que los empleados utilizarán en el desarrollo de su actividad.

En el ejemplo se puede notar que el operador necesita de un equipo, herramientas y vehículos para llevar a cabo su labor y cumplir con la actividad que le corresponde. Dentro de las áreas que hemos comentado de un SIPROYD, no contemplamos un espacio para colocar cada una de estas piezas, esto con el propósito de que observes que en la planeación de este tipo de instalaciones habrán espacios u actividades que no se contemplan, por lo que es importante siempre dejar holguras y espacios disponibles dentro y fuera de las instalaciones.

Ilustración 102 maquinaria (montacargas).

Fuente: Google imágenes (2013).

En el caso de la ubicación de los objetos que el operador utilizará, podemos definir una bodega, en la cual tendrá a resguardo todos los materiales, equipos y vehículos, esto permitirá un mejor control del abasto y mantenimiento de éstos, que si dejáramos esta responsabilidad a cada área. Cabe señalar que las decisiones de aumentar áreas en el organigrama dependen de las políticas y presupuestos de cada compañía.

Ilustración 103 maquinaria.

Fuente: Google imágenes (2013).

En la definición de las ubicaciones es importante colocar de forma implícita la filosofía 5s ya antes vista, de tal forma que cada uno de los utensilios esté inventariados, definidos por códigos para su identificación completa y control, así como los tiempos en que se hará limpieza, mantenimiento programado y correctivo, así como su reemplazo.

Otras de las ares no contempladas dentro del análisis realizado es la bodega de tarimas y reparación, que es el lugar donde se guardan éstas después de su uso, o aquéllas que están dañadas; sin duda, por el volumen de espacio físico que utilizan, es importante encontrar un espacio ya sea a un costado de la instalación o en patio, dependiendo del material de la tarima.

Otro factor también importante es el espacio considerado para almacenar las mermas previas a su destrucción, así como la basura y desperdicios de todas las áreas, tomando en cuenta las entradas para los vehículos de los servicios externos de limpieza que se llevarán los desperdicios.

Como ves, el diseño de un SIPROYD tiene muchas implicaciones y el estudio de sus procesos así como de todas sus variables es fundamental para alcanzar la eficiencia que se busca. No olvides en tu diseño contemplar la logística interna e inversa y cada uno de sus elementos para tener una mejor idea de las variables a considerar.

Actividad 1. Distribución de planta de un SIPROYD

¡Es momento de poner en práctica lo aprendido, respecto al dimensionamiento de un SIPROYD!

A manera de recapitulación, en el capítulo 1 donde se describe los procesos operativos y administrativos, también elegiste 10 productos o mercancías que se manejan dentro de un SIPROYD que tiene la empresa X.

En el capítulo 2, a partir de tres propuestas, determinaste la mejor ubicación de un SIPROYD, además de la ubicación real que ya tiene.

1. Ahora, con base en lo anterior, **imagina** que es necesario cambiar la ubicación (por lo que se tendrá que construir nuevamente, mejorando su estructura), para ello debes **proyectar** las dimensiones para los *racks*, pasillos, islas, naves, patios, andenes, etcétera.

2. **Elabora** una propuesta de cuáles serían las dimensiones del terreno que requieres para la nueva construcción.

3. **Utiliza** *Excel* para incorporar las dimensiones en una base de datos que permita ver los porcentajes que estás manejando.

4. **Utiliza** *Google Earth* para ubicar y trazar los polígonos necesarios en la ubicación del terreno que seleccionaste anteriormente.

3.3. Definición del proyecto final

En este tema describiremos la importancia que tiene el SIPROYD desde la recepción de la mercancía, hasta la entrega al cliente en cualquier punto de la zona donde se encuentre, con la finalidad de satisfacer a los consumidores en el momento, el volumen, el precio y el lugar adecuado.

Identificaremos los costos principales que se generan en la operación y determinaremos con esos costos si el SIPROYD es rentable, considerando no realizar gastos mayores y determinar si el SIPROYD es o será rentable en la zona geográfica que se analizó.

3.3.1. Simulación de puntos máximos y mínimos de la demanda

El SIPROYD, al estar en operaciones, debe cubrir al 100% la demanda de sus clientes, considerando las ventas en las diferentes épocas del año dependiendo el tipo de mercancía que se distribuye.

Iniciaremos con una descripción de los inventarios máximos y mínimos.

El control preventivo de inventarios es una modalidad del control operativo de los mismos que se basa en reposiciones reales ajustadas a las necesidades, evitando así acumulaciones excesivas de *stock*.

Para tener un apropiado control preventivo de inventarios se manejan:

- Control contable: Kardex o software
- Control físico: Almacén
- Control de nivel de inversión: Índices de rotación

La técnica de "máximos y mínimos", consiste en establecer niveles **máximos** y **mínimos** de un inventario, además de su respectivo periodo fijo de revisión. La cantidad a ordenar corresponde a la diferencia entre la existencia máxima calculada y las existencias actuales de inventario. Los pedidos que se efectúen fuera de las fechas establecidas de revisión corresponderán a aquéllos que busquen reaccionar a una fluctuación anormal de la demanda de unidades, que haga que los niveles de inventario lleguen al límite mínimo antes de la revisión.

Numerosos sistemas automatizados emplean la técnica de máximos y mínimos calculando puntos de revisión y solicitando automáticamente órdenes de compra con sus respectivas cantidades a solicitar.

Se debe tener en cuenta las siguientes fórmulas:

$$Emn = Cmn * Tr$$

Donde:
Emn: Existencia mínima (inventario de seguridad)
Cmx: Consumo mínimo diario
Tr: Tiempo de reposición de inventario (días)

$$Pp = (Cp * Tr) + Emn$$

Donde:
Pp: Punto de pedido

Cp: Consumo medio diario
Cmx: Consumo máximo diario

$$Emx = (Cmx * Tr) + Emn$$
$$CP = Emx - E$$

Donde:
Emx: Existencia máxima
CP: Cantidad de pedido
E: Existencia actual

Ejemplo:

En una tienda mayorista llámese El Puma, se quiere calcular los niveles óptimos de inventario de la bebida energética "Gatorade". El camión suministrador de la bebida visita El Puma cada seis días. Las estadísticas de venta de la bebida mencionan que el día de mayor consumo fue de 135 cajas; el día de menor consumo fue de 62 cajas, y la venta promedio es de 87 cajas. Considerando lo anterior, en la bodega de El Puma se encontraban 260 cajas de la bebida. Por lo tanto:

Emn = (62 cajas/día * 6 días) = 372 cajas
Emx = (135 cajas/día * 6 días) + 372 cajas = 1182 cajas
Pp: = (87 cajas/día * 6 días) + 372 cajas = 894 cajas
CP = (1,182 – 260) = 922 cajas

Esto indica que el punto en el cual se debe emitir una orden de pedido corresponde al punto en el cual el inventario de la bebida "Gatorade" alcance un mínimo de 894 cajas (lo cual corresponde al aseguramiento de la satisfacción de la demanda durante los seis días que tarda en arribar el camión más (+) la cantidad de seguridad).

Y en cuanto a la cantidad de pedido, ésta debe recalcularse al alcanzar el punto de pedido (Pp) teniendo en cuenta que puede variar dependiendo de las existencias en la bodega al momento de emitir la orden.

Los SIPROYD deben cubrir las demandas de sus clientes por las temporadas dependiendo el tipo de mercancía que distribuyen, como por ejemplo temporada del día de las madres (mes de mayo), día del niño (mes de abril), día del amor y la amistad (mes de febrero), día de muertos (mes de noviembre), navidad (mes de diciembre), etc.

Las empresas, dependiendo de la mercancía (refrigerada o seca) que distribuyen, tienen que cubrir la demanda del día a día, pero tienen que estar preparadas para cubrir las necesidades de los clientes en cada temporada, este cumplimiento tiene que ser en tiempo y forma pero al mínimo costo operativo, es decir, transporte, mano de obra, etc.

En relación a este punto se deben considerar los tiempos de traslado, almacenaje y preparación de pedidos; si la mercancía es de importación, se tiene que contemplar cada proceso involucrado, considerando los tiempos que no son imputables a la empresa. cada uno de los procesos para cubrir la demanda y los costos, deben ser mínimos para que el SIPROYD sea rentable.

3.3.2. Definición de costos operativos de un sistema producción - distribución

Los gastos operativos lo podemos referir al dinero que la empresa u organización ha desembolsado para el incremento de sus actividades; estos gastos de operación son los salarios, alquiler de bodegas, compra de suministros y otros más. También son conocidos como gastos indirectos, porque son los gastos relacionados con el funcionamiento del negocio y no son considerados como inversiones.

Podemos agregar que los costos logísticos constituyen los elementos principales dentro de la administración de la cadena de abastecimiento y su impacto es decisivo para los planes y acciones de la organización.

Los costos logísticos están relacionados con las funciones de la empresa, que administra y controla los flujos de materiales así como los flujos de información. Los rubros en los que se aplican los costos logísticos son:

- Aprovisionamiento
- Almacenaje
- Distribución
- Información asociada

Descripción de los costos asociados a la operación.

Costos de los pedidos
Son los gastos asociados a las operaciones de reaprovisionamiento de las mercancías hacia los almacenes, es decir, es el involucramiento desde los proveedores hasta el cliente final; la estructura de este costo afecta a varias áreas de la compañía (conceptos).

Listado de algunos conceptos

- Personal
- Material de oficina

- Informática
- Administración

Costos de espacio
Este costo es el conjunto de gastos derivados de la utilización de un almacén; los conceptos que intervienen en este costo son:

- Alquiler
- Financiamiento
- Mantenimiento de edificios
- Impuestos
- Seguros de instalaciones
-

Otros rubros que podemos considerar son:

- Bodegas públicas
- Bodegas arrendadas con manejo manual
- Bodega privadas con estibadoras
- Bodegas privadas automáticas

Bodega en tránsito, fuente: archivo personal (2015)

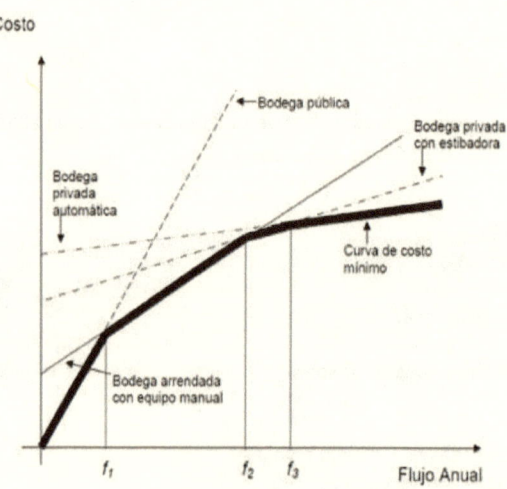

Ilustración 104 Gráfica de los costos de espacio.

Fuente: Ballou, 2004.

Es importante considerar si el SIPROYD es propio o rentado para considerar los costos de almacenaje y de cada variable que afectará a la cadena de suministro en relación con dichos costos.

Cabe recordar que la unidad de medida que se utiliza para este tipo de costos es la relación de pesos, dólares, será en metros cuadrados y la unidad de tiempo será un mes, dado que al relacionar este rubro con el de la mercancía almacenada, se utiliza el concepto de rotación que determina el nivel de mercancía en los *stock*.

Los factores que se consideran en los costos de espacio son:

- Número de referencia (SKU) en *stock*
- Cantidad de mercancía por referencia (SKU)
- Dimensiones de la mercancía que se almacena
- Tipo de embalaje que se utiliza
- Caducidad

Es de suma importancia considerar los rubros anteriores porque dependiendo de las características de la mercancía se elige la técnica de almacenamiento más apropiada para reducir los costos y el espacio de los almacenes.

Costos de las instalaciones

Los costos de las instalaciones es la suma de las inversiones que realiza la empresa en el SIPROYD o almacén, con el objetivo de incrementar la capacidad de almacenamiento y facilitar el manejo de la mercancía, tanto en la carga como en la descarga de las unidades; estos costos se encuentran directamente relacionados con los costos de espacio. La compañía realiza dichas inversiones en instalaciones fijas como:

- Estantería
- Andenes de carga y descarga ☐ Equipo de manipulación
- Etc.
-

Los costos que se encuentran asociados con este rubro de los costos de espacio, por consiguiente se tienen que considerar los siguientes puntos:

- Alquiler
- Financiamiento
- Mantenimiento de edificios
- Impuestos
- Seguros de instalaciones
-

Los factores que también influyen en estos costos los podemos resumir en los siguientes:

- Medidas o dimensiones de los artículos y numero de referencia de stock
- Tipos de embalaje
- Caducidad de los artículos
- Cómo se preparan los pedidos

Considerando los rubros anteriores, las instalaciones deben estar diseñadas para manejar adecuadamente las mercancías y reducir los costos.

Costos de manipulación

Estos costos están relacionados con los recursos que se necesitan para realizar las maniobras en el almacén, tales como recurso humano y técnico; en este rubro se incluyen las carretillas, elevadores, rodillos para el traslado de la mercancía, máquinas de etiquetado, emplayado, etcétera.

La utilización de estos recursos tiene por objeto mejorar la maniobrabilidad y reducir los tiempos en la manipulación y/o preparación de los pedidos; los costos que están relacionados son:

- Amortización
- Financiamiento
- Alquileres
- Mantenimiento preventivo y correctivo
- Personal directo o contratado

Costos de *stock*

Las empresas sólo por el hecho de almacenar mercancía en sus almacenes, incurren en dos tipos de costo: el primero es el del valor de los artículos almacenados y el segundo, las primas de seguro que los cubren por algún riesgo.

Por esta razón las empresas desde hace un tiempo tienden a reducir sus *stock*. Una de las técnicas o métodos para ello es la utilización del sistema justo a tiempo, que permite eficientar los inventarios con cada proveedor y ser más competitivos.

Un componente importante que considera la empresa son los costos que corresponden a las primas de seguros que los cubran de algún siniestro de la mercancía que se tiene almacenada.

Costos de transporte

Los costos de transporte están relacionados con el origen y destino de las mercancías, el modo de transporte utilizado, así como el peso o volumen de las mercancías transportadas a los clientes finales.

Por su composición y estructura conviene diferenciar dos tipos de transporte y sus costos:
  a) **Transporte a larga distancia**: es el transporte de mercancías entre los proveedores y almacenes.
  b) **Transporte de distribución:** es conocido como el transporte de mercancías entre proveedores y los SIPROYD hacia los clientes finales.

Con respecto a los costos a larga distancia están relacionados con el peso, el volumen y la distancia a recorrer desde el origen hasta el destino, considerando el modo de transporte elegido: carretero, ferroviario, marítimo o aéreo.

En cada modo de transporte, el tamaño de la carga determina una escala de tarifas y coeficientes.

El transporte de distribución, debido a su especialidad, requiere un tipo de transporte especializado ya que el chofer debe de conocer las características de los productos transportados, las rutas óptimas, las devoluciones de mercancías, etc.

- La distribución es realizada con personal capacitado y utiliza unidades propias.
- El costo del transporte está compuesto por el costo del conductor y los costos de mantenimiento de las unidades.
- El transporte puede ser contratado por medio de un *outsorcing* especializado para el tipo de mercancía.

Costos ocultos

El inventario está sujeto a diversas circunstancias que pueden provocar una pérdida de valor real de la mercancía; algunas causas que generan están perdida son:

- **Costos por obsolescencia**: a medida que pasa el tiempo la mercancía pierde su valor debido al cambio de moda, cambio tecnológico o presencia de mercancía sustituta.
- **Costos por deterioro**: por los constantes movimientos o manipulación, la mercancía sufre daños en su empaque o en su envase y por políticas de la empresa ese producto no sale a la venta.
- **Costos por operación logística**: en algunas ocasiones, en la operación surgen costos adicionales por la falta de despacho, embarque, horarios de entrega, costo de almacenamiento, seguros. Podemos agregar que los costos más comunes son los generados por el embarque y despacho de mercancía insuficiente para optimizar el costo del flete.
- **Costos por diferencia en inventario**: estos costos se generan debido a los errores de conteo, robo hormiga, mal surtido en los pedidos, por ejemplo. Para evitar este tipo de costos es necesario establecer controles para evitar las diferencias en los inventarios.

Se pueden considerar también como costos ocultos los trabajos que se realizan para la preparación de los pedidos devueltos, reposiciones y envíos por segunda vez. Estos retrasos en la organización generan mayores procesos operativos, administrativos y contables.

Interior de contenedor, fuente archivo propio (2015)

Actividad 2. Dimensiones de un SIPROYD

La intención de esta actividad es elaborar una propuesta de distribución de las dimensiones de un SIPROYD; para ello es necesario realizar lo siguiente:

1. A partir de los procesos operativos y administrativos descritos en la evidencia del capítulo 1, **elabora** un diseño en AutoCAD 3D para el SIPROYD, con base en la distribución de la planta realizada en la Actividad 1 de esta unidad.

2. **Incluye** la distribución de las áreas funcionales operativas y administrativas, además **integra** la distribución óptima de toda la maquinaria y los equipos necesarios para la manipulación (bandas, *racks*, etcétera).

3. Sugerencia: Básate en el conocimiento que tienes de la empresa, y estructura la mejor funcionalidad del SIPROYD.

3.3.3. Rentabilidad de un sistema producción - distribución

La rentabilidad de un SIPROYD se mide o se calcula mediante la eficiencia con que la compañía utiliza los recursos financieros y las instalaciones, y obtiene beneficios, es decir, es la capacidad de generar utilidades y cumplir con las necesidades de los clientes.

La ubicación de un sistema producción - distribución en el área o la región a la que dará cobertura, debe considerar los recursos naturales, las vías de comunicación, la fuerza de trabajo, los servicios de transporte, el pago de impuestos, etc.

Para determinar que si un SIPROYD es rentable para una empresa se pueden realizar los siguientes análisis:

La empresa debe realizar a profundidad una investigación de mercado. Los rubros que se deben considerar son: condiciones operativas, necesidades de los clientes y rentabilidad; es decir, se deben analizar los siguientes rubros para verificar si es óptima la decisión de ubicar el SIPROYD en ese punto geográfico: cajas por hora surtidas; rotación de inventarios; y cantidad de pedidos procesados, por día, semana o mes, esto dependerá de cada empresa.

Se debe considerar el tipo de equipo y accesorios para la manipulación de la mercancía, tales como tipo de unidades de arrastre (trailers, camiones y camionetas) y tipo de maquinaria para la preparación de pedidos. Si la mercancía es perecedera, se deben considerar los almacenes con temperatura y humedad controladas, así como el tipo de capacitación que debe de tener el personal, tanto operativo como administrativo.

Otro punto que debe considerar es el conocimiento de los requisitos de los clientes:

- La cantidad de pedidos que se tienen que entregar
- Condiciones de la competencia y el tipo de mercancía de cada uno
- Ventas estimadas o pronosticadas de la mercancía

Con la finalidad de determinar si un SIPROYD es rentable, se debe considerar el tipo de maquinaria que se debe de utilizar (este rubro se analizó más detalladamente en la Unidad 1 de esta asignatura) con el objetivo de eficientar los tiempos de manipulación de la mercancía y reducir los daños. Al tener el producto en movimiento constante desde el almacén hasta el cliente, los costos de inventario se reducen y es benéfico para la empresa.

También se debe considerar el tipo de diseño que debe tener el SIPROYD en el flujo de la mercancía, desde su llegada a través de los proveedores, su almacenamiento, manipulación y embarque, hasta su distribución, con el objetivo de lograr una eficiencia operativa que evite inversiones adicionales de equipo y tecnología.

Las empresas llevan a cabo análisis relacionados con las inversiones (TIR) que se realizan; esta inversión es la aplicación de recursos a un determinado proyecto, con el objetivo de obtener una ganancia mayor de los recursos empleados. Cuando se habla de inversiones se considera la adquisición de activos fijos.

Además, este método permite visualizar desde el punto de vista financiero o considera el complemento del Valor Presente Neto (VPN), también conocido como Valor Actual Neto (VAN). Consiste en determinar cuál es la inversión inicial, se identifica la segmentación del mercado y se calculan los pronósticos de venta del SIPROYD en la zona geográfica que atenderá.

También mide los flujos futuros de ingresos y egresos que tendrá la empresa; con este parámetro se define si se obtendrá alguna utilidad después de descontar la inversión inicial. La aplicación del VAN permitirá a la empresa comparar diferentes proyectos e identificar cual es el más rentable.

La fórmula del VPN es la siguiente:

$$VAN = -A + \sum_{n=1}^{N} \frac{Qn}{(1+i)^n}$$

Donde:

A es la inversión,

Qn es el flujo de caja del año "n" i es la tasa de interés con la que se está comprando
N el número de años de la inversión.

Con estos análisis la empresa puede determinar si el SIPROYD es rentable y genera ganancias, para considerar que se puede construir y garantizar un buen proyecto para la región.

Actividad 3. Costos de un SIPROYD

La intención de esta actividad es analizar los tipos de costos que se incurren en la construcción de un SIPROYD.

1. **Investiga** respecto a los costos en los que se incurre para construir un SIPROYD.

2. Con base en lo explicado en los temas de esta unidad, intercambia opiniones con tus compañeros(as), respecto a:

¿Qué tipos de costos es necesario cubrir para construir un Sistema producción - distribución?

Cita las fuentes consultadas.

La intención de esta actividad es concluir la tercera parte de tu proyecto de SIPROYD, en donde emitirás tus conclusiones.

1. Con base en la información generada en las evidencias de aprendizaje de los capítulos 1 y 2, donde se realizó un Layout y se determinó la ubicación más eficiente, y una vez diseñado el SIPROYD en AutoCAD, haz lo siguiente:

2. **Considera** las dimensiones que desarrollaste en las actividades 1 y 2 de esta unidad para realizar el cálculo de rentabilidad.

3. **Elabora** el análisis de rentabilidad obteniendo la VAN más óptima que se necesita para la construcción del SIPROYD que estás desarrollando, determina si éste es rentable

4. Agrega las conclusiones y las dificultades que se presentaron.

Conclusiones de la unidad

Se expusieron los elementos de la dinámica industrial de un SIPROyD y el tipo de infraestructura requerida. Además de realizar un análisis geoespacial de las zonas propuestas para ubicar un nodo logístico (Hub), lo cual te permite determinar la viabilidad, tomando en cuenta los factores externos (económicos, sociales, ambientales y políticos).

También se analizó el dimensionamiento del terreno a nivel de topográfico, para determinar el tamaño de la infraestructura, integrando además los conocimientos para que, una vez construida la instalación, se determinen las mejores prácticas mediante la implementación de la técnica de las 5s en la distribución de planta de las áreas y de los equipos, herramientas y maquinarias que lo conformarán y dar cumplimiento a los requerimientos para una dinámica industrial eficiente.

Además se expuso el método para la determinación de la rentabilidad del SIPROYD, permitiendo interpretar de mejor manera los costos necesarios para la implementación y tomar la decisión de impacto entre la construcción y consecución del proyecto.

Con esto se alcanza la competencia necesaria para conocer y aplicar los conocimientos de dinámica industria aplicables al SIPROyD para cualquier giro de negocio, proponiendo la infraestructura básica, la logística operacional y administrativa y la distribución de planta los elementos que necesarios para su implementación y puesta en marcha.

Para saber más

- Par complementar la información proporcionada en el capítulo 3, se listan algunos materiales que ayudarán a profundizar en los temas del contenido que acabas de estudiar.

- Puedes encontrar información de la distribución en planta en las siguientes ligas: http://books.google.com.mx/books?id=7aRzy0JjqTMC&printsec=frontcover&dq=distribuci on+de+planta&hl=es&sa=X&ei=BkmeUZ2QBsOKrgGa_oH4Cw&ved=0CDAQ6AEwAA#v =onepage&q&f=falsehttp://books.google.com.mx/books?id=SfG3K8lz52gC&pg=PA197& dq=distribucion+de+planta&hl=es&sa=X&ei=BkmeUZ2QBsOKrgGa_oH4Cw&ved=0CEo Q6AEwBA#v=onepage &q=distribucion%20de%20planta&f=false

- Puedes encontrar en la siguiente liga información de localización en la distribución en planta http://books.google.com.mx/books?id=B5Gch3V2XXcC&pg=PA51&dq=distribucion+de+ pl anta&hl=es&sa=X&ei=BkmeUZ2QBsOKrgGa_oH4Cw&ved=0CDYQ6AEwAQ#v=onepage &q&f=false

- Puedes encontrar en la siguiente liga información de análisis administrativo en la organización http://books.google.com.mx/books?id=Bptc1C9T8ioC&pg=PA149&dq=distribucion+de+p lanta&hl=es&sa=X&ei=XISeUfeKHIjmqQHfyoHoDw&ved=0CFwQ6AEwCTgK#v=onepa ge &q&f=false

- Puedes encontrar en la siguiente liga información de planeación sistemática de la distribución en planta
http://books.google.com.mx/books?id=psDDitEx__gC&pg=PA189&dq=slp+distribucion+de+planta&hl=es&sa=X&ei=mA2yUennNrKkyAGlp4GQBA&ved=0CEsQ6AEwBQ#v=on ep age&q&f=false

- Puedes encontrar en las siguientes liga información del método de las 5s
http://books.google.com.mx/books?id=NJtWepnesqAC&pg=PA28&dq=5+s&hl=es&sa=X & ei=T6ueUee9NcX0qQHQnYHoBA&ved=0CDYQ6AEwAQ#v=onepage&q&f=false
http://books.google.com.mx/books?id=8UskOoIXVhcC&printsec=frontcover&dq=5s&hl=es&sa=X&ei=LayeUcCpBcTlqQGTooDwCg&ved=0CDgQ6AEwAQ#v=onepage&q&f=fal se http://talento.org.mx/que-son-las-5-s.html

- Puedes encontrar en la siguiente liga información para eficientar procesos empresariales http://books.google.com.mx/books?id=V7M9J-6LGhoC&pg=PA141&dq=5s&hl=es&sa=X&ei=LUOhUYf8LlnY9AS8g4GYBw&ved=0CC w Q6AEwADgU#v=onepage&q&f=false
- Puedes encontrar en la siguiente liga información de salud y seguridad en el trabajo http://books.google.com.mx/books?id=Y35TDM74KmUC&pg=PA225&dq=definici%C3% B3n+de+5s&hl=es&sa=X&ei=YkWhUabjlobg8ASCvoFl&ved=0CDcQ6AEwAg#v=onepa ge &q&f=false

- Puedes encontrar en la siguiente liga información de costos logísticos en las empresas http://www.gestiopolis.com/marketing-2/costos-logisticos-en-la-empresa.pdf

Fuentes de consulta

Básica

- Anibal, M. G. (2011). *Gestión Logística Integral.* España: StarBook S.A.

- Ballou, R. (2004). *Logística. Administración de la cadena de suministro.* México: Pearson Prentice Hall.

- Cabrera, C. R. (2000). *Lean Six Sigma TOC. Simplificado. PYMES.*

- Cuatrecasas, L. (2010). *Lean Management: La gestión competitiva por excelencia.* PROFIT Editorial.

- *El diario de un logístico*. (15 de Septiembre de 2011). Recuperado el Junio de 2013, de http://eldiariodeunlogistico.blogspot.mx/2011/09/cuales-son-las-fases-para-el-disenohttp://eldiariodeunlogistico.blogspot.mx/2011/09/cuales-son-las-fases-para-el-diseno-de.htmlde.html

- Fletes, M. M. (2010). Obtenido de http://vjservicepack.blogspot.mx/2010/09/nuestrasunidades-vj-service-pack.html

- Francisco, R. S. (2005). *Rey Sacristan Francisco*. FC Editorial.

- Guillermo, E. (2010). *Todo sobre estanterias y montacargas*. Obtenido de http://estanterias-montacargas.blogspot.mx/2010_06_01_archive.html

- Huertas, G. R. (2008). *Decisiones estratégicas para la dirección de las operaciones de servicios y turísticas*. Barcelona: Ediciones Universitat Barcelona.

- Isabel, d. l. (2005). *Distribución en planta*. Universidad de Oviedo.

- J, P. i. (2000). *Manual de logística integral*. Madrid, España: Díaz de Santos S.A.

- JPR. (s.f.). Obtenido de http://www.jpr.ca/fr/porte-de-garage-specialisee/minihttp://www.jpr.ca/fr/porte-de-garage-specialisee/mini-entrep%C3%B4tsentrep%C3%B4ts

- Libres, D. (s.f.). Obtenido de http://www.jpr.ca/fr/porte-de-garage-specialisee/minihttp://www.jpr.ca/fr/porte-de-garage-specialisee/mini-entrep%C3%B4tshttp:/es.123rf.com/photo_2825276_muelle-de-carga-a-un-almacen--muestran-solo-las-puertas-y-no-los-camiones.htmlentrep%C3%B4tshttp://es.123rf.com/photo_2825276_muelle-de-carga-a-un-almacen-muestran-solo-las-puertas-y-no-los-camiones.html

- Logistic. (2013). Obtenido de http://www.logistic-s.com.ar/wh7.htm

- Ramírez, C. C. (2002). *Fundamentos de administración*. ECOE EDICIONES.

- Restrepo, D. L. (25 de 09 de 2012). *Diseño, Optimización y Gerencia de Centros de Distribución*. Obtenido de http://es.scribd.com/

- Sibaja, R. C. (2002). *Salud y Seguridad en el Trabajo*. EUNED.
- Tecnología, d. l. (2013). *Normas de diseño geométrico*. Obtenido de http://www.mtc.gob.pe/portal/transportes/caminos_ferro/manual/DG-

2001/volumen1/cap2/seccion202.htm

- Vallhonrat, M. J. (1991). *Localización, Distribución en Planta y Manutención.* España: Marcombo.

- Valles, R.J.A. (2014). Logística y Transporte. México: McGraw-Hill.

- Valles, R.J.A. (2012). Sistemas de información geográfica. México: McGraw-Hill.

- Forrester, J.W. 1958. Industrial Dynamics: A major breakthrough for decisión makers. *Harvard Busines Review* 36(4) 37-66

- Lane, David C. and John D. Sterman (2011) Jay Wright Forrester. Chapter 20 in *Profiles in Operations Research: Pioneers and Innovators.* S. Gass and A. Assad (eds.). New York, Springer: 363-386.

- Forrester, J. W. 1959. Advertising: A problem in industrial dynamics. Harvard Business Review 37(2) 100-110.

- Forrester, J. W. 1961. *Industrial Dynamics.* MIT Press: Cambridge, Massachusetts.

www.ingramcontent.com/pod-product-compliance
Lightning Source LLC
Chambersburg PA
CBHW032004170526
45157CB00002B/537